21世纪的中国学会与科学共同体的重构

The Reconstruction of Chinese Society and Scientific
Community in the 21st Century

杜 鹏◎著

科学出版社

北京

图书在版编目（CIP）数据

21 世纪的中国学会与科学共同体的重构 / 杜鹏著. —北京：科学出版社，2017.6
ISBN 978-7-03-052723-3

Ⅰ.① 2… Ⅱ.①杜… Ⅲ.①科学研究组织机构–研究–中国
Ⅳ.①G322.2

中国版本图书馆 CIP 数据核字（2017）第 100811 号

责任编辑：牛　玲　张翠霞 / 责任校对：刘亚琦
责任印制：李　彤 / 封面设计：有道文化
编辑部电话：010-64035853
Email：houjunlin@mail.sciencep.com

科 学 出 版 社 出版
北京东黄城根北街 16 号
邮政编码：100717
http://www.sciencep.com
北京厚诚则铭印刷科技有限公司 印刷
科学出版社发行　各地新华书店经销

*

2017 年 6 月第 一 版　开本：720×1000　B5
2022 年 3 月第三次印刷　印张：12
字数：200 000
定价：78.00 元
（如有印装质量问题，我社负责调换）

全国性学会是专门领域科技工作者的集合，是科学共同体的重要组成形式，发挥着非常重要的学术交流的作用，对推动科学发展至关重要。无论是作为一个管理学的学者，还是在担任中国优选法统筹法与经济数学研究会领导职务期间，我对学会的重要性都有着切身的体验。因此，我也经常思考学会发展相关的问题。例如，如何凝聚全国的科技工作者以更好地发展本学科本专业，如何组织学术交流使得新思想、新观点不断迸发，如何更好地培养青年学者，等等，这些问题通常没有很好的解决方案，因为它们很复杂，涉及学会的多重属性，同时也与科技、社会的发展密切相关。

近几年，全国性学会在中国科学技术协会（简称中国科协）的带领下，取得了很大的进展。如何理解学会的跨越发展，成为一个新的问题。特别是在社会各方赞誉有加的背景下，更是如此。而我常常思考的那些问题依然是难题。或许我们应该更深一步去重新理解那个我们已经在其中的、非常熟悉的学会。

杜鹏是我的学生，一直对一些思辨的问题比较感兴趣。他在研究生毕业以后，一直把科学当作研究对象，在科学的性质、科学共同体相关的范畴中扎扎实实地开展研究，并能提出自己的独到的观点。我很高兴他把最近几年的相关研究成果结集成书，以学会的发展为切入点，来考察科学共同体以及科学的内涵的转变，其中的一些分析对我也有很大的启迪。比如，在中国的思想启蒙运动中，科学只是发挥了一个概念上的作用而没有实质上的功效，这也是当前中国科学需要补课的地方；又如学会的功能，在以前起到了行会管理的作用，目前正在向一个会员组织转变，等等。

　　希望杜鹏能沿着相关的方向继续努力，取得更好的成果。

2017 年 3 月 5 日

目　录

第一章
导　言

　　一个时期以来，有不少一致爱好和研究此项业务的才智德行卓著之士每周定期开会，习以为常，探讨事务奥秘，以求确立哲学中确凿之原理并纠正其中不确凿之处，且以彼等探索自然之卓著劳绩证明自己真正有恩于人类；朕且获悉他们已经通过各种有用而出色之发现、创造和试验，在提高数学、力学、天文学、航海学、物理学和化学方面取得了相当的进展，因此，朕决定对这一杰出团体和如此有益且勘称颂之事业授予皇室恩典、保护和一切应有的鼓励。

——查理二世

《英国皇家学会成立特许状》（1662 年）

第一节　学会在中国开始走向国家舞台的中央

十八届三中全会以来，在全面深化改革的发展路径下，完善和发展中国特色社会主义制度、推进国家治理体系和治理能力现代化成为我国在全面建设中国特色社会主义进程中的崭新命题。全面深化改革是一项复杂的系统工程，必须以更大的政治勇气和智慧推进改革，必须更加注重改革的统筹性、整体性和协调性。因此，在中央层面成立全面深化改革领导小组对于保证全面深化改革目标的达成具有重要意义。

在 2014 年 1 月～2016 年 1 月的两年里，中央全面深化改革领导小组共举行了 20 次会议，审议并通过了 109 份文件，涉及经济、政治、社会、文化、生态各个领域[①]。在这些文件中，与科技直接相关的有 5 份文件（表 1.1），其中涉及学会的就有 2 份。

表 1.1　中央全面深化改革领导小组审议的科技相关文件（2014 年 1 月～2016 年 1 月）

序号	会议	时间	相关文件名
1	第五次会议	2014 年 9 月 29 日	《关于深化中央财政科技计划（专项、基金等）管理改革的方案》
2	第六次会议	2014 年 10 月 27 日	《关于国家重大科研基础设施和大型科研仪器向社会开放的意见》
3	第十二次会议	2015 年 5 月 5 日	《深化科技体制改革实施方案》
4	第十二次会议	2015 年 5 月 5 日	《中国科协所属学会有序承接政府转移职能扩大试点工作实施方案》
5	第二十次会议	2016 年 1 月 11 日	《科协系统深化改革实施方案》

关于《中国科协所属学会有序承接政府转移职能扩大试点工作实施方案》，中央全面深化改革领导小组第十二次会议指出：

中国科协所属学会有序承接政府转移职能扩大试点工作，要围绕服

---

① 新华网. 中央全面深化改革领导小组历次会议. http://news.xinhuanet.com/ziliao/2015-04/02/c_127650579. htm.xuan.news.cn/zt/shengai14.html［2017-03-15］.

务改革需要，以科技评估、工程技术领域职业资格认定、技术标准研制、国家科技奖励推荐等适宜学会承接的科技类公共服务职能的整体或部分转接为重点，加强制度和机制建设，完善可负责、可问责的职能转接机制，强化效果监督和评估，尽快形成可复制、可推广的经验模式。

关于《科协系统深化改革实施方案》，中央全面深化改革领导小组第二十次会议指出：

> 科协系统深化改革，要把自觉接受党的领导、团结服务科技工作者、依法依章程开展工作有机统一起来，改革联系服务科技工作者的体制机制，改革治理结构和治理方式，创新面向社会提供公共服务产品的机制，把科协组织建设成为党领导下团结联系广大科技工作者的人民团体。

与上述情况类似的是，学会还在中央政府的各类文件中被反复提及，如"充分发挥科技社团在推动全社会创新活动中的作用"[①]、"按规定需要对企业事业单位和个人进行水平评价的，国务院部门依法制定职业标准或评价规范，由有关行业协会、学会具体认定"[②]等。

在中国当前的治理模式中，被中央政府纳入视野之内就意味着：学会开始走向国家舞台的中央。这不仅表现出政府对学会的承认，而且可能会给学会带来大量的资源。这对组织而言，无疑是迎来了更好的发展机遇，但是对于一个科技团体，到底蕴涵着什么意义呢？

第二节　如何解读中国科学共同体的复杂图景

一般来说，学会是专业人员自愿联合的、开展科学研究相关活动的自治组

---

① 参见中共中央、国务院于2012年印发的《关于深化科技体制改革 加快国家创新体系建设的意见》。
② 参见2013年党的十八届二中全会和十二届全国人民代表大会一次会议审议通过的《国务院机构改革和职能转变方案》。

织。17世纪以来，学会一直通过会议和学术期刊的形式使知识得到更广泛的流动，在科学的传播和民主化方面起到了核心作用。因此，很多优秀学会往往具有出版高影响力的同行评审学术期刊、组织极具人气的学术年会、具有很强的政策影响力的特点。

但是近年来，学术交流渠道发生的变化、越来越多的跨学科研究等因素已经彻底改变了科学共同体的沟通、发现、创造、联系的方式，这对学会的功能和作用提出相应的挑战。这些因素改变了学会在科学研究和传播中原有的核心位置，使得学会对科学家的吸引力下降。美国生物科学研究协会（American Institute of Biological Sciences，AIBS）调查结果显示，相当数量的学术团体在进入21世纪后呈现出会员下降的趋势（表1.2）。

表1.2   2000～2005年和2005～2010年学术团体会员规模变动情况

学术团体	2000～2005年（n=64）		2005～2010年（n=81）	
	数量/个	占比/%	数量/个	占比/%
会员增长超过5%的学术团体	25	39	36	44
会员减少超过5%的学术团体	27	42	29	36
会员变动不超过5%的学术团体	12	19	16	20
合计	64	100	81	100

注：n表示受访学术团体总数。

资料来源：Potter S，Musante S，Hochberg A. Dynamism is the new stasis: Modern challenges for the biological sciences. BioScience，2013，63（9）：705-714.

与国际社会不同的是，中国的学会近年来迎来了历史发展的良机。长期从事学会管理工作的中国科协书记处原书记沈爱民总结了学会新时期的历史机遇的"五大标志"：第一，中共中央于2011年出台《关于加强和创新社会管理的意见》，提出要重点培育和优先发展包括科技类在内的社会组织；第二，我国《国民经济和社会发展第十二个五年规划纲要》首次为社会管理设立专章，要求完善扶持政策，推动政府部门向社会组织转移职能，向社会组织开放更多的公共资源和领域；第三，2013年7月召开的全国科技创新大会，中共中央、国务院出台《关于深化科技体制改革 加快国家创新体系建设的意见》，指出要"发挥科技社团在科技评价中的作用"；第四，自2012年起，在财政部的大力支持下，中国科协实施"学会能力提升专项"，提出要提升学会的四个能力，其中就包括要使学会具备广泛社会公信力，能够代表本学科科技工作者参与国家、科技和社会事务，承担政府转移的社会职能；第五，党的十八大提出了"政社分开"的理念，这就要求学会作为社团法人，要进一步建立符合我国国情和社团规律的现代组织体制、机制和工作方式，能够按照法律和章程独立自主开展活动[①]。

党的十八大以来，我国社会治理体制不断创新，行政体制改革和科技体制改革加快推进，极大地推进了学会工作，学会迎来跨越发展的新时期。特别是 2013 年以来，为贯彻落实中央领导的重要批示和精神，中国科协积极推进学会有序承接政府转移职能工作，培育学会工作中重要的增长点和亮点，引领和带动学会创新发展。毋庸置疑，经过此次发展高潮，学会逐渐走出边缘化的窘境，不仅成为国家创新体系中的重要组成部分，而且积极地参与到经济发展和社会治理中，其自身能力和社会影响力都得到了长足的提升。值得注意的是，在学会处在跨越发展的新时期，我们仍然要保持冷静的头脑，还需要反思学会跨越发展背后的深层次因素的影响，分析国际上学会面临的问题，以及其与中国学会发展的关系等问题，以促进学会的健康、可持续发展。

学会作为科学共同体的主要表现形式，对于国家科技发展具有重要意义。正如师昌绪院士所言："看一个国家是否是真正的强国，要看三个方面：经济体量、国防力量、科学文化，而代表一个国家在国际上的科学地位，则有两个标志，学会与期刊。"[②]

为此，本书以中国科协所属全国学会为例，尝试解读中国科学共同体在 21 世纪的跨越发展，在国际化的背景下勾勒出中国科学共同体演进的复杂图景，希望能给学会相关的管理人员和研究人员提供有益的启发。本书重点考察以下四个方面的问题。

（1）中国历史上的两次学会潮是如何形成的？两次学会潮恰好处在中国最著名的两次启蒙运动中，中国的近现代学会也承载着思想启蒙的使命吗？

（2）中国学会 21 世纪的跨越发展的缘起是什么？学会发展的基本状况如

---

① 沈爱民. 发挥学会独特优势，积极承接政府职能转移. 科协论坛，2013，（9）：11-14.
② 洪蔚. 科技期刊：科技强国"代言人". 科学时报，2010 年 12 月 24 日，第 1 版.

何？展现了怎样的发展态势？

（3）近年来，科学发生了什么样的改变？在此背景下，科学共同体的变化乃至重构正在进行，如何理解科学共同体的重构？

（4）从国际上来看，学会的功能是如何变迁的？当前中国学会跨越发展面临有哪些新的形势？如何选择中国学会未来的发展路径？

第二章
中国历史上的两次学会潮：
从科学救国到科学的春天

在这个光芒里，我们正好
对我们新的缔盟宣誓！
它照见我们，较先于那些
在我们底下城市烟雾里
呼吸困难的一切人士。
　　——我们要结成一个兄弟的民族，
在任何患难中绝不分离。
　　——我们要自由，和祖先一样，
宁愿死，也绝不偷生做奴隶！
　　——我们信赖最高的上帝，
不畏惧人间的权力。

——弗里德里希·席勒
歌剧《威廉·退尔》(1804年)

鸦片战争以后，承载着救国兴国的历史使命，近代科学开启了曲折的中国化进程。在近代科学中国化之初，科学救国思想以及科学救国思潮的形成与发展，使国人更强调科学的工具价值，在一定程度上决定了国人的科学观，并影响至今。正如中国留学生事业的先驱容闳在《西学东渐记》中指出的："以西方之学术，灌输于中国，使中国日趋于文明富强之境。"①

学会在近代科学中国化的过程中发挥了重要的作用。作为重要的科学建制，学会一方面极大地促进了科学在中国的本土化进程；另一方面，由于受到科学在中国本土化进程中的形塑和影响，学会的发展也随之呈现出波浪形特点。除了 21 世纪以来的学会大发展以外，历史上还有两次重要的学会发展高潮分别处在五四新文化运动时期和 20 世纪 80 年代。在不同时期，学会潮的内涵有所不同，体现出鲜明的历史语境。需要说明的是，清末戊戌变法时期，在康有为、梁启超等人的带动下也兴起了一次学会潮，但当时的学会主要是思想观念传播的平台，而非现代意义上的科技社团，因此在此未将其计入。

第一节　五四新文化运动时期的学会潮

中国五四新文化运动时期，是指 1919 年前后的 20 多年，即"从 1914 年中国科学社成立和《科学》月刊出版，中经 1915 年《青年》②创刊、1919 年的五四风潮、1923 年的科玄论战、1928 年中央研究院成立，以及遍及二三十年代的科学本土化运动和争民主、争自由的思想启蒙和社会运动这样一段时间"③。在这样的一个新旧思想交替和社会转型时期，残酷的社会现实激发了中国人民强烈的爱国热情，尤其是广大青年学生和知识分子。他们提出要用新思想来改造社会。为了提高影响力和号召力，他们团结思想相同或相近者组成社

① 容闳. 西学东渐记. 长沙：岳麓书社，2015.
② 后改名为《新青年》.
③ 李醒民. 五四新文化运动与八十年代的思想启蒙和思想解放. 民主与科学，2009，(3)：6-7.

团，在当时形成了社团繁荣的壮丽景观。仅五四时期，社团数量就达三四百个[①]。据南京国民政府教育部统计，1934 年各主要学术团体、研究团体机构共有 142 个，属于科学方面的有 73 个[②]。在这些科学社团中，现在还存续并继续开展活动的有 28 个学会，全部都是中国科协所属学会[③]。

一、近代科学救国思想的形成演化

自从诞生以来，近代科学以其严密的系统性及深刻的思想性影响和改造社会，为 19 世纪赢得了"科学的世纪"的美誉[④]。但科学在中国的境遇却有所不同，经历了相当长时间的萌芽状态，直到被负载上民族救亡的政治意义之后，才真正开始了在中国的建制化过程。

近代科学在中国的传播始于明朝末年以利玛窦等为代表的传教士。明万历二十九年（1601 年）初，耶稣会传教士利玛窦来到北京。当时，儒家文化强调以修身养性为本，而将科学视为奇技淫巧的末务。为了传播教义和西方文化，利玛窦顺从士大夫的思维习惯和价值取向，用"格致"之学来定义西方自然科学，尽量将异质文化的成分塞进在士大夫所认同的知识体系里，使他们能更好地接受科学技术。自此以后一直到第一次鸦片战争的 200 多年时间里，以"格致"为名的西学的传入，为在传统经学笼罩下的中国士大夫们接受域外新知、转变对西学的传统看法起到了重要的推动作用。

清朝建立后不久，传教士对西学的传播被禁止。从 1723 年雍正皇帝下令将西方传教士逐出中国，直到第一次鸦片战争结束时被迫开放通商口岸，清政府闭关锁国达 110 多年，西方科学技术在中国的传播几乎陷入停顿。

1. 科学救国思想的萌芽

在清政府闭关锁国的一百余年里，西方科学技术发展迅速，中西差距不可言表。1840 年第一次鸦片战争爆发时，以风力和人力驱动的帆船根本无法同

---

① 王桧林. 中国现代史（上册）. 北京：北京师范大学出版社，1991.

② 翟启慧，胡宗刚. 秉志文存. 北京：北京大学出版社，2006.

③ 中国科协发展研究中心课题组. 近代中国科技社团. 北京：中国科学技术出版社，2014.

④ ＷＣ丹皮尔. 科学史及其与哲学宗教的关系. 李珩，译. 桂林：广西师范大学出版社，2009.

蒸汽动力船作战，以少量鸟枪、旧式炮和冷兵器为主要装备的军队也完全无法同洋式枪炮相抗衡，中国开始陷入半殖民地半封建社会的深渊。如何摆脱被宰割的命运成为国人思索的最重要的问题。

1840年开始的第一次鸦片战争期间，国人对西方科学技术的认识在西方的坚船利炮中开始发生根本的改变。林则徐提出的"师敌之长技以制敌"和魏源提出的"师夷长技以制夷"，成为中国近现代史上"科学救国"思想的先声。

面对西方列强的侵略，作为近代中国"睁眼看世界"的第一人，林则徐在督粤期间，亲眼看到了列强的优势所在，即"以其船坚炮利而称其强""乘风破浪是其长技"[1]，同时，也深深感受到中国军队"器不良""技不熟""船炮之实实不相敌"的落后状况，逐渐认识到学习被称为"长技"的西方科学技术的重要性。林则徐认为，要改变中国军队武器落后的状况，增强抵御敌人的能力，只有"谋船炮水军"而"无他谬巧耳"[2]，"徐尝谓剿夷有八字要言'器良'、'技熟'、'胆壮'、'心齐'是已"[3]。

为此，林则徐一方面努力"悉夷情"，搜集了大量传教小册子、《中文月报》、《商务指南》及有关世界地理的介绍，并将之引入到中国，还招用了几位通晓英文的人员翻译英文书报，先后翻译出版了《澳门月报》《澳门新闻纸》《华事夷言》《四洲志》等报纸杂志和书籍；另一方面直接购买西方先进技术装备，如购买洋炮、洋船，以训练士兵，提高作战能力。他在广东筹备海防时，就曾秘密从澳门、新加坡等地购回新式大炮数门，并安装在虎门等要塞之地，并主动仿制西式大炮。1840年4月，首仿西洋双桅杆船成功在广州下水。即使在1840年10月被贬之际，林则徐也毫不动摇地坚持自己的主张，他在给道光帝的奏折中写道："以通夷之银两为防夷之用，从此制炮必求极利，造船必求极坚——制炮造船，则制夷已可裕如。"他甚至乐观地坚信："中国造船铸炮，至多不过三百万，即可以师敌之长技以制敌。"[4]但道光帝并未采纳他的建议。

在这之后，魏源继承和发展了林则徐的思想，积极倡导学习西方先进科学

① 齐思和. 筹办夷务始末（道光朝）. 北京：中华书局，2014.
② 齐思和，林树惠，寿纪瑜. 中国近代史资料丛刊——鸦片战争. 上海：神州国光社，1954.
③ 林则徐. 林则徐诗文选注. 上海师范大学历史系中国近代史组编. 上海：上海古籍出版社，1978.
④ 齐思和. 筹办夷务始末（道光朝）. 北京：中华书局，2014.

技术。在林则徐《四洲志》的基础上，魏源于 1842 年编辑出版了《海国图志》。《海国图志》是中国最早的一部系统地研究世界历史、地理、科技的著作，特别对西方的"长技"（军事科学技术知识）进行了颇为详细的介绍，如天文、地舆、造船、铸炮，以及地雷、水雷等。在该书中，魏源明确主张通过学习西方长技来制夷，特别强调说："是书何以作？曰：为以夷攻夷而作，为以夷款夷而作，为师夷长技以制夷而作。"①

魏源在强调向西方学习的同时，还驳斥了当时视西方"长技"为"奇技淫巧"的观念，指出"有用之物，即奇技而非淫巧"，进而鲜明地提出"欲制外夷者，必先悉夷情始"②。与此同时，他极力建议清政府"购洋炮洋艘，练水战、火战"，以"尽收外国之羽翼为中国之羽翼，尽转外国之长技为中国之长技"，以为"富国强兵"在此一举③。在林则徐和魏源的影响下，一批仁人志士埋头于近代军事技术的研究及武器的仿制与建造，更多的士人开始意识到工艺、技术的重要性，力图以此来救亡图存。

"师敌之长技以制敌"和"师夷长技以制夷"本质上是一种"科学救国"思想。就其内容而言，虽然对长技的理解还主要局限在军事科学技术方面，还停留在器物层面，但其对科学在国家发展中所起的重要作用的认识，以及积极倡导学习西方科学技术知识的态度具有重要的启蒙意义。从目的上看，"师敌""师夷"都是欲挽救国家于危亡之中，都是为了救国。

2. 洋务运动与科学救国思想的雏形

经过两次鸦片战争的失败，以及太平天国的打击，清朝的一部分官僚开始认识到西方坚船利炮的威力，开始学习西方文化及先进技术。正如恭亲王奕訢所说，"治国之道，在乎自强，而审时度势，则自强以练兵为要，练兵又以制器为先"，"举凡推算之学格致之理"是"中国自强之道"④。

1861 年 1 月 11 日，奕訢会同桂良、文祥上奏《通筹夷务全局酌拟章程六条折》，推行一项以富国强兵为目标的洋务运动。在慈禧太后的支持下，洋务派从 1862 年开始兴办近代军事工业和民用企业。这些企业从一开始就着力于

---

①② 魏源. 海国图志. 长沙：岳麓书社，2011.

③ 魏源. 魏源集. 北京：中华书局，1976.

④ 宝鋆. 筹办夷务始末（同治朝）. 北京：中华书局，2008.

引进西方国家的先进科学技术和近代机器设备，把学习西方近代科学技术作为中华民族解决内忧外患的基本途径。

随着西方科学技术和机器设备的不断输入，科学技术人才的缺乏严重制约着洋务企业的进一步发展。对此，李鸿章清醒地认识到，"培养人才，实为自强之根本"，学习西方科学技术，引进西方机器设备，决非"长久远计"。"即使仿询新式，孜孜效法，数年而后，西方制出新奇，中国人又成故步，所谓随人作计，终后人也。"①为此，洋务派决定创办近代新式学堂，系统传授西方近代先进科学技术知识，以培养切实掌握西方近代先进科学技术的人才。1862～1900年，洋务派共创办近代新式学堂近40所，培养了大量外文翻译人才、科学技术人才和军事技术（包括军事指挥）人才。洋务派通过创办新式学堂，不仅极大地推动了西方近代科学技术在中国的传播，也培养和造就了中国近代第一批系统掌握西方先进科学技术的人才，对中国近代科学技术的发展产生了深远的影响。

特别值得一提的是，洋务派创办的这些学校，除了系统传授西方近代科学技术知识外，还编译出版了一大批西方近代科学技术方面的书籍。这些书籍内容广泛，涉及西方近代军事学、数学、物理学、化学、天文学等多个学科，还包括蒸汽机、纺纱机、船舶、火车、电报、电话等西方各种先进技术。至19世纪80年代，仅江南制造总局和京师同文馆翻译出版的书籍就达到100种之多。

随着洋务运动的进一步深入开展，国内新式学堂培养的人才越来越不能满足社会的需求。针对这种情况，李鸿章认为，"中国欲自强，则莫如学习外国利器，欲学习外国利器，则莫如觅制器之器，师其法而不必尽用其人"②。而要真正培养出适应洋务运动需要的更高层次的科学技术人才，派遣留学生是一个最好的途径。于是，在曾国藩、李鸿章等的不懈努力下，清政府同意从1872年开始派遣赴美留学生，至1875年共派遣4批120人。与此同时，福州船政学堂也开始派遣赴欧留学生。这些赴欧美留学的学生，通过努力学习西方的自然科学及近代科学技术，成为中国第一批高层次近代科

---

① 高时良. 洋务运动时期教育. 上海：上海出版社，1992.
② 宝鋆. 筹办夷务始末（同治朝）. 北京：中华书局，2008.

学技术人才①。

洋务运动时期，有识之士受到西方科学的浸染，深刻地认识到科学是改变国家贫困落后的武器。虽然当时没有出现"科学"的概念，也没有"科学救国"的口号，但洋务派也明确提出了向西方学习的"中学为体，西学为用"指导思想，出现"富强以算学、格致为本"的"科学救国"思想的雏形。洋务派一方面通过创办近代军事和民用工业、创办新式学堂、翻译出版西方科学技术书籍、派遣留学生等途径把"科学救国"思想付诸实践；另一方面，在洋务派影响下，有识之士对科学的理解开始改变，开始探讨科学的理论形态，对科学的理解超越了鸦片战争时期的器物层面而走向了学理层面。这种科学观的变化，进一步加速了科学救国思想的形成。

3. 戊戌维新与科学救国思想的形成

1895 年，北洋水师在中日甲午战争的惨败，以及《马关条约》的签订，加速了中国社会半殖民地化的进程，西方列强又一次掀起侵略中国的狂潮，偌大的中国被分割成了一块一块的列强"势力范围"。亡国灭种的危急形势迫使一些中国人开始寻找新的救国救民道路。

1895 年 4 月，日本逼签《马关条约》的消息传到北京，在康有为、梁启超等的组织发动下，1300 多名在北京应试的举人联名上书光绪帝，痛陈民族危亡的严峻形势，提出拒和、迁都、练兵、变法的主张，史称"公车上书"。公车上书失败后，他们积极进行宣传和组织活动，著书立说，介绍外国变法经验教训，在各地创办了许多报刊、学会、学堂，为变法制造舆论、培养人才，维新变法运动逐渐在全国兴起。1898 年 1 月 29 日，康有为上《应诏统筹全局折》。1898 年 6 月 11 日，光绪帝颁布了《明定国是》诏书，戊戌变法正式开始。变法期间，光绪帝先后发布上百道变法诏令，倡导学习西方，提倡科学文化，改革政治、教育制度，发展农、工、商业等。但戊戌变法因损害到以慈禧太后为首的守旧派（顽固派）的利益而遭到强烈抵制与反对，1898 年 9 月 21 日，慈禧太后等发动戊戌政变，光绪帝被囚至中南海瀛台，康有为、梁启超分别逃往法国、日本，戊戌六君子被杀，历时 103 天的变法失败。

---

① 杨怀中. 洋务派"科学救国"思想及其对中国近代科技发展的影响. 自然辩证法通讯，2011，（5）：13-17.

　　戊戌变法是中国近代史上一次重要的政治改革，对中国近代社会的进步和思想文化的发展起到了重要的推动作用。随着科学的传入，以及维新思想家对科学重要作用认识的深化，维新思想家在宣传其维新主张过程之中，通过兴学会、办报刊、建学堂等手段，自发地对科学知识及科学精神进行了宣传，在实践上为科学在近代中国的传播和延伸发挥了有效作用，从而在客观上为科学救国思想的产生奠定了基础。

　　维新思想家对科学介绍和宣传深入的结果，使中国人民越来越感觉到科学在救亡图存中的地位和重大作用，逐渐明确了科学救国思想。1895年，严复在《直报》上发表《救亡决论》一文，明确地提出了"西学格致救国"的主张。严复认为，救国富强离不开西学格致，也就是科学。西学为救亡之道，自强之谋。严复指出：

　　　　有用之效，征之富强；富强之基，本诸格致……

　　　　欲救中国之亡，则虽尧、舜、周、孔生今，舍班孟坚所谓通知外国事者，其道莫由。而欲通知外国事，则舍西学洋文不可，舍格致亦不可。盖非西学洋文，则无以为耳目，而舍格致之事，将仅得其皮毛，智井瞽人，其无救于亡也审矣……

　　　　驱夷之论，既为天之所废而不可行，则不容不通知外国事。欲通知外国事，自不容不以西学为要图。此理不明，丧心而已。救亡之道在此，自强之谋亦在此。①

　　康有为在戊戌变法失败后流亡海外，亲眼目睹了科学技术对于国家存亡、强弱所具有的重要作用。他于1905年写出《物质救国论》，明确提出"科学救国"的主张。康有为指出，"方今竞新之世，有物质学者生，无物质学者死""以中国之地位，为救急之方药，则中国之病弱非有他也，在不知讲物质之学而已"。康有为还进一步指出：

　　　　夫工艺、兵炮者，物质也，即其政律之周备，及科学中之化、光、电、重、天文、地理、算数、动植生物，亦不出于力数、形气之物质。然则吾国人之所以逊于欧人者，但在物质而已。物质者，至粗

---

① 严复. 中国现代学术经典. 严复卷. 欧阳哲生编校. 石家庄：河北教育出版社，1996.

之形而下者也，吾国人能讲形而上者，而缺于形而下者，然则今而欲救国乎？专从事于物质足矣。

显然，康有为所谓的"物质"，主要是指科学技术。康有为认为，当时中国之所以落后于欧洲国家，就在于科学技术的落后，所以，拯救病弱之中国，最为重要的在于发展科学技术。康有为还说："以吾遍游欧美十余国，深观细察，校量中西之得失，以为救国至急之方者，则惟在物质一事而已。物质之方体无穷，以吾考之，则吾所取为救国之急药，惟有工艺、汽电、炮舰与兵而已！"正是通过中西之得失的比较，康有为把科学技术看作是"救国之急药"，并且明确提出，"科学实为救国之第一事"[①]。

需要特别指出的是，戊戌变法是近代中国的第一场思想启蒙运动，兴学会、办报刊、建学堂是思想启蒙的三种主要形式，其中，兴学会居于中心地位。维新派在西方群学（社会学）的影响下，提出"以群为体，以变为用"，就是以"结群"作为变法的载体，而把变法作为"结群"的目的。他们主张以广结学会来动员社会力量，增强政治声势，以促使朝廷实行变法。其中，康有为牵头创办了强学会、上海强学会、圣学会、粤学会、保国会，梁启超创办了强学小会、不缠足会，谭嗣同创办了测量会、南学会、群萌学会、延年会等。

戊戌变法时期，学会林立已经成为当时一种特殊的社会现象。据闵杰考据甄别，认为1895～1898年"比较可靠的戊戌学会"有72个[②]。考虑戊戌变法期间学会的立废频繁，资料所载多有遗漏，戊戌变法期间存在过的学会数目应当不止于此。故梁启超有"各省学会极盛，更仆难数""学会之风遍天下，一年之间，设会百数"之说[③]。有人曾将此阶段的学会区分为九类：①重振士气以保国；②研究宪政，推行地方自治；③恢复铁路与矿权；④以经世和实用目的重占经典；⑤保圣教；⑥研究科学，翻译西书；⑦反对缠足，禁止鸦片，改良风俗；⑧促进农业发展；⑨促进教育发展[④]。除了第⑥、⑧、⑨类较为接近现代意义上的学会以外，其他并不属于现代意义上的科技社团。因此，该时期的学会主要功能在于文化启蒙、社会整合和政治动员上。

① 康有为. 康有为全集. 北京：中国人民大学出版社，2008.
② 闵杰. 戊戌学会考. 近代史研究，1995，（3）：39-76.
③ 徐特立，范文澜，翦伯赞. 中国近代史资料丛刊——戊戌变法. 中国史学会主编. 上海：神州国光社，1953.
④ 王奇生. 近代中国学会的历史轨迹. 学会，1990，（6）：16-18，20.

二、科学救国思潮的形成与发展以及学会在其中的重要作用

科学救国思想自产生以后，逐渐在社会上流传开来。自此，近现代意义上的学会走向中国的历史舞台。一批留学生及国内知识分子通过组建科技社团、出版期刊积极倡导科学救国思想。1915 年，中国科学社创建及《科学》杂志创刊。随着任鸿隽等人对科学的阐释，国人对科学的认识不断扩大与深化。中国科学社在强调科学在救亡图存中的作用、促使科学救国思潮形成的同时，也力图用科学精神和科学方法对中国国民进行思想启蒙，以求从思想观念上改造中国传统的思维方式，实现科学救国的理想。

1．辛亥革命时期科学救国思想的宣传

辛亥革命时期，伴随着科学救国主张的提出，国人要求引入外国先进技术，发展本国科学事业的呼声日渐高涨，而科技社团对于科学事业的发展有着相当重要的作用，由此，各种各样的科技社团应运而生，相继建立[①]（表 2.1）。这些社团通过集会特别是出版期刊，对科学知识进行不遗余力的介绍，大力宣传和推广科学及科学救国主张。例如，近代中国最早冠以"科学"之名的自然科学专门杂志是《科学世界》，创刊于 1903 年 3 月，其宗旨是"发明科学基础实业，使吾民之知识技能日益增进"[②]。1907 年创刊的《科学一斑》是又一以"科学"冠名的科学杂志，《科学一斑》提出，要改造中国，首在教育，"唤起国民本有之良能，而求达于共同生活之目的"[③]。

表 2.1　民国前期及早期成立的部分科技社团

序号	社团名称	成立时间/地点	主要发起人	主要出版物
1	亚泉学馆	1900/上海	杜亚泉	《亚泉杂志》半月刊
2	科学补习所	1904/武昌	张难先、吕大森	—
3	东京留日中华药学会	1907/东京	伍晟、王焕文	《中华药学杂志》
4	中国地学会	1909/天津	张相文、白雅雨、陶懋立等	《地学杂志》

---

① 王宝珪，丁忠言，尹恭成，等. 中国科技社团概览（1568—1988）. 武汉：湖北科学技术出版社，1990.
② 丁守和. 辛亥革命时期期刊介绍（第一集）. 北京：人民出版社，1982.
③ 丁守和. 辛亥革命时期期刊介绍（第二集）. 北京：人民出版社，1983.

续表

序号	社团名称	成立时间/地点	主要发起人	主要出版物
5	中国中部看护联合会	1909/江西牯岭	信宝珠	—
6	中西医学研究会	1910/上海	丁福保	《中西医学报》
7	广东中华工程师会	1912/广州	詹天佑、徐炳	—
8	中华全国铁路协会	1912/南京	于右任	《铁路协会会报》
9	中华工程师会	1913/汉口	詹天佑	—
10	中国科学社	1914/美国	任鸿隽、赵元任、胡明复等	《科学》
11	中华医学会	1915/上海	颜福庆、俞凤宾、伍连德等	《中华医学杂志》
13	丙辰学社	1916/日本	王兆荣、傅式说、陈启修等	《学艺》
14	中国农学会	1917/上海	王舜臣、陈嵘、梁希等	《农业学部》
15	中华森林会	1917	凌道扬	《森林》
16	中国工程学会	1918/美国	陈体诚	—

注：在王宝珽等编写的《中国科技社团概览（1568~1988）》基础上补充相关资料整理形成；社团名称为成立时的名称，其中有些社团后几经更名，延续至今。

　　需要注意的是，科学救国由一种思想最终演变为具有广泛影响的社会思潮，其关键的推动者和倡导者是留学生群体。严格说来，留学生对于科学救国思潮的形成至关重要，没有留学生对科学救国思想的真知灼见与实践，科学救国思潮在近代中国难以最终形成[①]。

　　20世纪初，越来越多的有志青年怀抱科学救国的志向远赴重洋出国留学。在留学期间，留学生耳闻目睹欧美国家和日本的富强，对照中国的羸弱愚昧，深感中国若不自强必遭灭亡，更加深化了对科学救国主张的认同。从留学生出国选习科目上，我们更能清晰地看出他们的科学救国志向。留学生所选科目以理、工、农、医为主，其中，工程技术最多。据我国著名的地理学家和气象学家竺可桢先生回忆："我们这批七十人中，学自然科学、工、农的最多，约占百分之七十……不仅我们这批如此，恐怕全部庚款留学生中学工农理科的都要占百分之七八十。"[②]

　　留学生不仅在选习科目上侧重于自然科学以实现科学救国的理想，而且积

① 朱华. 论留学生与近代科学救国思潮的形成. 北方论丛，2008，（6）：75-79.
② 李喜所. 近代中国的留学生. 北京：人民出版社，1987.

极致力于科学救国思想的宣传与实践，其中最有成效的是创办科学社团与期刊。正是这样的一大批留学生身体力行地传播科学，受他们的影响，国人越来越多地致力于宣传科学，倡导科学救国思想，并最终走上了科学救国的道路，推动了科学救国思潮的形成。

2. 中国科学社与科学救国思潮的形成①

中国科学社的前身是"科学社"。科学社作为留美生发起组建的第一个综合性学术团体，其发起人为《科学》杂志（以月刊的形式出版）的发起人，即任鸿隽、赵元任、胡明复、秉志、周仁、杨铨、章元善、过探先、金邦正九人，组建地点在康奈尔大学。

1914 年 6 月 10 日，时值第一次世界大战的前夜，在美国康奈尔大学留学的几位中国留学生，在探讨怎样可以为祖国振兴做出自己的贡献时，杨铨和任鸿隽首先提出"科学在现今世界愈加重要，而我国科学不发达"，中国所缺乏的莫过于科学，我们学习科学的，应该办一份刊物向国内介绍科学、宣传科学，这也是我们力所能及的，遂提议创办一份杂志向国内介绍科学。而办刊物需要一个机构，他们就建议成立一个科学社。他们的建议马上得到在场同学的一致同意，于是科学社创立起来。

科学社成立的最初目的是"刊行科学杂志以灌输科学智识"，组织形式则"仿照集股公司"。科学社宣告成立后，很快得到留学生的响应，入社者踊跃。之后，社中同仁感到要谋中国科学发达，实现科学救国的理想，"单单发行一种杂志是不够的"，遂建议改变以《科学》杂志为主，以科学社为辅的状况，改组科学社，使之成为一种名副其实的学会。1914 年 10 月 25 日，由胡明复、邹秉文、任鸿隽三人修订社章，科学社改组为学会，社名正式定为"中国科学社"，其宗旨为"联络同志，研究学术，以共图中国科学之发达"。中国科学社的创立和《科学》杂志的出版，突破了旧的局限，为科学知识的宣传提供了舆论组织和阵地，为近代中国社会的组织机构增添了崭新的成分。留学生将西方的科学全貌逐一介绍给国人，内容涉及各个学科和层面，为引进和传播西方科学打下了基础。除此之外，他们还注意介绍一些科学的基础知识、基本原

---

① 朱华. 近代中国科学救国思潮研究. 北京：人民出版社，2010.

理及生活中的科学常识，对近代中国具有重大的科学启蒙意义，从而促使科学开始在较以前更为广阔的社会范围中走向民众，对推动科学救国思潮的形成作用巨大。

1915年1月，中国近代史上第一个定期的综合性科学杂志——《科学》杂志正式出版。其《发刊词》中指出"科学之为物，未可以一二言尽也。科学之效用，请得略而陈之"。之后围绕着"科学之有造于物质""科学之有造于人生""科学之有造于智识""科学有助于提高人类道德水平"四个方面阐述了科学的社会功能。继而，针对救国之道何在，《发刊词》明确地提出我国人民必须从沉梦中尽快省悟，"代兴于神州学术之林而为芸芸众生所托命者，其惟科学乎。其惟科学乎"[1]。

在当时，《科学》杂志已经责无旁贷地担当起引进和传播西方科学的任务，鲜明地提出了科学救国的思想。事实上，在这一时期，一些留学生在《科学》杂志上发表了许多宣扬科学救国的文章，如任鸿隽的《说中国无科学之原因》《科学家人数与一国文化之关系》《解惑》《科学与工业》《科学与教育》《科学精神论》等，杨铨的《科学与商业》《科学与共和》等，对科学救国主张进行了较为详细的阐述。

在中国科学社及《科学》杂志的倡导和影响下，科学救国的主张渐渐得到推广，得到了国内许多知识分子的响应，他们从不同的角度阐发了对这一主张的看法，并提出了较为详细的实施方法和途径。其中，最先做出响应的是上海南洋公学学生蓝兆乾。1915年6月，他在《留美学生季报》上发表《科学救国论》，这是一篇积极支持科学救国主张并提出较为完善而系统的科学救国理论的文章。《科学救国论》是近代中国第一篇以"科学救国"冠名的文章，该文发表之后，在社会上产生了深远影响，为促成科学救国思想最终发展到科学救国思潮奠定了理论基础。1916年6月，蓝兆乾在《留美学生季报》又发表了《科学救国论（二）》。在这篇文章中，蓝兆乾详尽地论述了怎样将科学知识应用到救国的实践，具体阐明了科学知识应用于各项实业，以科学技术改造我国的兵器工业、工商业和农业，促成科学技术转化，使科学成果转化成为促进国家振兴、经济发展的财富和力量等问题。总之，中国科学社的创立及《科

---

① 任鸿隽.科学救国之梦：任鸿隽文存.上海：上海科技教育出版社，2002.

学》杂志的创刊，任鸿隽等人对科学救国主张倡导的一系列文章，以及蓝兆乾的《科学救国论》的发表，标志着科学救国思潮的形成。

3. 新文化运动与科学救国思潮的发展

中国科学社及《科学》杂志对科学救国思想的提倡，对国人科学观念的改变是一次划时代的变革，推动了科学在中国的传播，促进了五四新文化运动的产生。与此同时，科学救国思潮在五四时期也得到了迅速的发展，在更为广阔的层面上影响着国人对科学的理解和认识。

五四新文化运动的口号是"德先生"和"赛先生"，即"民主"和"科学"。1915 年 9 月，《青年》杂志创刊。陈独秀在创刊号上发表《敬告青年》一文，从进化论的观点出发，指出"社会遵新陈代谢之道则隆盛，陈腐朽败之分子充塞则社会亡"，接着提出了划分新与旧的标准"六义"：自主的而非奴隶的；进步的而非保守的；进取的而非退隐的；世界的而非锁国的；实利的而非虚文的；科学的而非想象的。在论述这最后一点时，陈独秀指出：

> 近代欧洲之所以优越他族者，科学之兴，其功不在人权说下，若舟车之有两轮焉。

1915 年 1 月《科学》创刊号《发刊词》第一段就开宗明义地指出：

> 世界强国，其民权国力之发展，必与其学术思想之进步为平行线，而学术荒芜之国无幸焉。

这里的"民权"相当于《青年》中所说的"人权"。关于学术思想，《科学》给出的说明是"欧人学术之门类亦众矣，而无人独有取于科学"。至于把两者之间的关系喻为"平行线"或是"双轮"，意思是相同的。由此看来，将"民主"与"科学"举为改造中国社会的两大武器，其思想源头在《科学》，而不是在《青年》。1915 年 6 月，陈独秀从日本回到上海，在创办《青年》杂志之前，或许受到过《科学》杂志的启发[①]。

五四新文化运动时期，在中国科学社及《科学》杂志的带动下，更多的科技社团、科学期刊相继成立[②]（表2.2），大量的西方科学书籍被转译为中文，

---

① 樊洪业. 中国科学社与新文化运动. 科学, 1989, (2): 83-87.
② 王宝瑊, 丁忠言, 尹恭成, 等. 中国科技社团概览 (1568～1988). 武汉: 湖北科学技术出版社, 1990.

从不同的途径宣传和推广科学。一方面，在科学救国思潮的宣传者方面，其人员较以前有所扩大，主要成员仍然是以任鸿隽为首的科学救国思潮代表人物，此外，还有以前的维新思想家梁启超、严复等，爱国的知识分子陈独秀、胡适、鲁迅、蔡元培等；另一方面，科学救国思潮在实现途径上从科学宣传向科学教育、科学研究等方面不断拓展。这也进一步促进了科学救国思潮的发展和深化。

表 2.2　1919～1937 年成立的部分科技社团

序号	名称	成立时间/地点	主要发起人	主要出版物
1	少年中国学会	1919/北京	李大钊、王光祈	《少年中国》
2	中华心理学会	1921/南京	张耀翔等	《心理》
3	中国地质学会	1922/北京	章鸿钊、翁文灏、王烈等	《地质学报》
4	中华化学工业会	1922/北京	陈世璋、俞同奎、顾毓珍等	《中华化学工业会会志》
5	中国天文学会	1922/北京	高鲁、秦汾等	《观象丛报》
6	中华化学会	1924/美国	庄长恭、李宝庆	—
7	新中国农学会	1924/法国	谭熙鸿、葛敬中、蔡无忌等	《新农通讯》
8	中国气象学会	1924/青岛	蒋丙然、竺可桢等	《气象学报》
9	中国生理学会	1926/北京	林可胜	《中国生理学杂志》
10	中国矿冶工程学会	1927/北京	张轶欧、李晋、翁文灏等	《矿冶》
11	中华自然科学社	1927/南京	赵宗燠、李秀峰、郑集等	《科学世界》
12	中国昆虫学会	1927/南京	张巨伯、吴福桢、柳支英等	《昆虫与植病》
13	中华林学会	1928/南京	凌道扬、姚传法、梁希等	《林学》
14	中国建筑师学会	1931/上海	庄俊、范文照等	《中国建筑》
15	中国植物病理学会	1929/南京	邹秉文、戴芳澜等	—
16	中国古生物学会	1929/北平	孙云铸、杨钟健等	《古生物学报》
17	中国数理学会	1929/北平	冯祖荀、张贻惠等	—
18	中国园艺学会	1929/南京	章文才、吴耕民、许复七等	《中国园艺学会会报》
19	中国化学工程学会	1930/美国	顾毓珍、张洪元等	《化学工程》
20	中国统计学社	1930	金国宝、朱祖晦、刘大钧等	《中国统计学通讯》
21	中国纺织学会	1930/上海	朱仙舫、傅道伸	《纺织年刊》《纺织周刊》
22	中国水利工程学会	1931/南京	李书田、孙辅世、张自立等	《水利》
23	中国化学会	1932/南京	曾昭抡、戴安邦、李方洲等	《中国化学会会志》
24	中国物理学会	1932/北平	梅贻琦、李书华、吴有训等	《中国物理学报》
25	自然学会	1932/日本	余颂尧、甘尘囚	《自然学会会刊》
26	中国科学化运动协会	1933/南京	吴承洛、张其昀、顾毓璟等	《科学的中国》

续表

序号	名称	成立年份/地点	主要发起人	主要出版物
27	中国植物学会	1933	胡先骕、辛树帜、李继侗等	《中国植物学杂志》《中国植物学学会会报》
28	中国农学社	1933/武昌	唐贻荪、闻惕生、张济民等	
29	中国防痨协会	1933/上海	吴铁城	《中国防痨通讯》
30	中国印刷学会	1933/上海	糜文溶、沈逢吉、柳溥庆等	《中国印刷》
31	世界科学社	1934/北平	曾昭抡、萨本铁等	《科学时报》
32	中华土壤肥料学会	1934	邓植仪、彭家元、陈方济等	《土壤与肥料》
33	中国动物学会	1934/庐山	秉志、郑章成等	《中国动物学杂志》
34	中国电机工程学会	1934/上海	寿俊良、赵曾珏、钟兆琳等	《电机工程学报》
35	中国博物馆协会	1935/北平	马衡、袁同礼、丁文江等	《中国博物馆协会会报》
36	中国数学会	1935/上海	胡敦复等	《中国数学会学报》
37	中国卫生教育社	1935/南京	陈果夫、周佛海、胡定安	《战时医政》
38	科学建设促进社	1935/上海	蔡元培、朱家骅等	—
39	中国畜牧兽医学会	1936/南京	蔡无忌、刘行骥、汪启愚等	—
40	中国机械工程学会	1936/杭州	刘仙洲、王季绪、杨毅等	《机械工程》

注：在王宝珏等编写的《中国科技社团概览（1568~1988）》基础上补充相关资料整理形成。

三、五四新文化运动时期学会潮的特点

五四新文化运动时期，学会的发展刻画了近代科学在中国的建制化征程。在当时救亡图存的现实需求下，科学被当作富国强兵的利器引入中国，其工具价值逐渐被社会广为接受。学会不仅作为一种主要的学术建制在中国成为传播科学的主体，而且还发挥了动员社会力量、增强政治声势的作用。

1. 近代中国学会是西学东渐的产物

尽管近代中国学会的前身可从古代知识分子的聚会结社中寻求渊源，但近代中国学会却是西学东渐的产物，其媒介主要是传教士和留学生。首由传教士倡导于先，继由留学生践行于内。这一过程从近代学会的地域分布上可充分反映出来。据统计，在清朝末年至中华民国初年，学会活动范围广达18个省区以上，以广州、上海、北京三地为重点，这反映了早期西方教会及其文化势力渗透的影响。自19世纪中叶开始，西方传教士以广州为登陆点，主要在沿海通商口岸逐渐由南向北蔓延伸展，民国前期学会的地域分布也呈此格局。中

华民国建立以后，直到 20 世纪 40 年代末，学会活动范围扩展至 28 个省区以上，以南京、上海、北京三地为重点，这与近代回国留学生有相当关系。20 世纪 20 年代以后，回国留学生以上海为聚集点，然后分成两股：一股沿海北上，直抵文化中心北京；一股溯江而上，直抵政治中心南京，然后逐渐向内陆蔓延。而广州在这一时期内失去了原有的中心地位，沦为边陲地带①。近代学会的这种点状布局，也具体地表征出近代西学东渐以来中国近代现代化进程的区域演化过程，亦即由南向北、由沿海向内陆推展的方向和趋势。

清末民初以来，传统家族制度的解体，标志着血缘组织的衰落。学会于这一时期兴起并蓬勃发展，逐渐表现出超血缘与地缘的业缘功能，展现出国民关于集会及社会动员的现实需求，体现出社会学意义上对群体概念认识的不断深入，从另一个角度呈现出近代中国社会结构的变迁，即从血缘的结合转变为地缘的结合，又从地缘的结合转变为业缘的结合。

2. 近代中国学会的发展经历了从综合向专业化发展的历程

随着中国科学的发展以及其与社会逐渐紧密的结合，国人逐渐认识到科学不仅仅是救国工具，其自身还具有丰富的内涵，科学终于完成了从救国工具向追求真理的学术事业转变，回归科学本身②。学会的社会功能也从宣传科学、传播科学向学术研究、学术交流转变，由此也产生了学会从综合向专业化发展的现实需求。从科学自身发展来看，近代专业化学会的出现，正是建立在近代科学分科的基础之上。致力于知识专门化领域的新型知识分子群体已不再是过去同质性甚高的传统士大夫阶层，而是对各自的专业圈有着强烈的认同，这种基于对某一特殊知识范畴的共同兴趣，使他们形成超地缘的组织网络。这种超地缘网络的功能和作用，远非传统知识分子坐而论道、聚而讲学可相比拟，学术的传播和交流也不再囿限于传统学者以函札的形式在师友之间相往来，而是通过学会、期刊等渠道扩散与传播到全国乃至国际学术领域，从而使学术研究由分散的地域性活动转变为有组织的超地缘的活动。③

尽管总体来看近代中国学会的发展经历了从综合向专业化发展的历程，但

---

① ③　王奇生. 近代中国学会的历史轨迹. 学会，1990，（6）：16-18，20.

②　张剑. 从"科学救国"到"科学不能救国"——近代中国"科学救国"思潮的演进. 自然科学史研究，2010，（1）：27-45.

具体情况却复杂得多，呈现"从专门到综合再专门再综合"的发展过程[①]。最早的专门学会是当时相应学科发展的结果，综合性社团是为了在中国宣扬科学、传播科学与提倡科学研究，其直接结果是促进了各专门学会的成立。后来的综合本来应该是联合各专门学会成立一个统一的综合性社团，中国科学社设立分股委员会在1915年就有将未来成立的各专门学会统摄在中国科学社的考虑[②]，可是这一规划与设想最终未能实现，最后的结果仍是局部的联合。

3. 近代中国学会组织逐步健全，反映了社团的学术性和独立性

五四新文化运动时期出现了大大小小的众多学会。尽管有一些学会存续时间很短，但也涌现出以中国科学社为代表的一批现代意义上的科技社团。1915年，中国科学社在为由《科学》杂志的出版公司改组为学会征求意见时，将学会的性质作为其中一条重要理由："本社为学会性质，则与社员不但有金钱上之关系，且有学问上之关系；为营业性质，则但有金钱上之关系，而无学问上之关系，与创立本社宗旨不符。"[③]换句话说，社员之间的关系要以学问为基础。

中国科学社的执行机构是董事会，经选举以任鸿隽（社长）、赵元任（书记）、秉志（会计）、胡明复、周仁五位为第一届董事会董事。董事会负责拟定方针和募集资金。参加中国科学社的社员分为普通社员、永久社员、特社员、仲社员（预备社员）、赞助社员、名誉社员等六种类型。科学社还在美国设立了分社，在上海、北京、南京、广州、杭州、重庆等地设立了社友会。同时，为了更好地进行专门的学术探讨，中国科学社还把社员按照"物质科学""工程科学""生物科学""社会科学"四大学科门类进行"分股"，并分别设立期刊编辑部编辑《科学》、书籍译著部编译图书、图书部筹设图书馆、分股委员会管理分股事宜与年会学术交流，以及经理部等。其组织机构与当前的学会大体相同（图2.1）。

---

① 中国科协发展研究中心课题组. 近代中国科技社团. 北京：中国科学技术出版社，2014.
② 张剑. 科学救国的践行者：中国科学社发展历程回顾. 科学，2015，（5）：3-8.
③ 中国科学社记事. 科学社改组始末. 科学，1916，（1）：127.

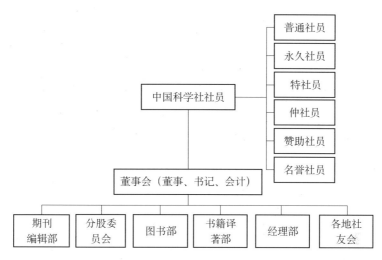

图 2.1　中国科学社组织机构图

社章明确规定中国科学社的职责是：①刊行杂志，传播科学，提倡研究；②译著科学书籍；③编订科学名词，以期划一而便利学者；④设立图书馆以便学者参考；⑤设立各种科学研究所，施行实验，以求学术、工业及公益事业之进步；⑥设立博物馆，搜集学术上、工业上、历史上及自然界各种标本陈列之，以供展览及参考；⑦举行学术讲演，以普及科学知识；⑧组织科学旅行团，为实地之科学调查研究；⑨受公、私机关之委托，研究及解决科学上一切问题。可见，中国科学社在组织上严密有序，注意吸收各方面的力量，这就为扎实广泛地开展科学活动奠定了基础。经过全体社员的艰苦努力，这九个方面的工作都取得了一定的成绩，最有影响的是发行《科学》《科学画报》《科学丛书》等杂志、书刊，创办上海明复图书馆，创设生物研究所，创立中国科学图书仪器公司等。

第二节　20 世纪 80 年代的学会潮

20 世纪 80 年代是中国一个特殊的历史时期。这里的 20 世纪 80 年代，并不是指一般意义上 1980～1989 年的 10 年，而是特指从 1976 年"文化大革命"结束后至 1989 年的这一段时期。随着"科学的春天"的到来和国家科技体制改革的启动，我国的科技社团迎来了大发展、大繁荣的战略契机。不仅原有的各类学会重新复活、焕发勃勃生机，而且一系列新的学会也如雨后春笋般迅速涌现、成长，这些进展奠定了当代中国学会体系的坚实基础。在 20 世纪 80 年代，新成立的中国科协所属学会共有 104 个，仅 1978～1979 年的两年间就成立了 35 个，二级学会有 2000 多个。以纺织工程学会为例，新中国成立前有 7 个分会，1978 年仅江苏南通地区就有 6 个各级纺织工程学会，全国仅地方级的纺织工程学会就有 155 个①。但与五四新文化运动时期的脱胎于民间的学会潮不同，20 世纪 80 年代的学会潮建立在新中国成立后经过社会主义改造的中国科协全国学会体系的基础之上，具有鲜明的国家属性。

一、中国科协全国学会体系的建立

1949 年以后，随着中国社会的转型和国家计划经济体制的确立，科学也经历了一次体制的改造和重构过程，到 1956 年，初步构建起了以科学的国家化为特征的科技体制模式。在这个过程中，科技团体被分别纳入到了两个新型的全国性的科技团体——中华人民共和国自然科学专门学会联合会（简称全国科联）和中华全国科学技术普及协会（简称全国科普），从而第一次实现了对科技团体集中管理的制度安排。

全国科联成立于 1950 年 8 月，是全国各学科专业学会的统一管理机构。《中华人民共和国全国自然科学专门学会联合会暂行组织方案要点》规定，科联"以联合全国自然科学专门学会，推动学术研究，以促进新民主主义的经济建设、文化建设与国防建设为宗旨"。其任务是：①促进各专门学会之组织，并领导其工作之进行；②从事于各专门学会间之联系；③从事于各专门学会与政府有关业务部门之联系；④促进国际学术交流。②全国科联通过各专门学会在科学家之间建立起广泛的横向联系，由此，科联作为一个科学家组织的角色

---

① 王国强. 二十世纪八十年代学会潮——中国科协所属全国学会体系研究. 北京：中国科学技术出版社，2014.

② 中国科学技术协会. 当代中国丛书. 北京：当代中国出版社，1994.

得到了科学家的高度认同。这时期，各专门学会召开的会议，成为来自同一学科但不同工作单位的科学家们进行学术交流、讨论和建立合作联系的重要场所，同时各学会还积极发行专业化的学术期刊，参加学术文献的出版工作，等等①。

在全国科联成立之初，35 个新中国成立前成立的专门学会先后并入全国科联，并进行了改组和重新登记。1951～1958 年，全国科联新增全国学会 7个，全国学会总数增至 42 个（表 2.3）②。

表 2.3 全国科联 42 个全国学会名录

序号	学会名称	成立年份/地点	发起人
1	中国药学会	1907/日本	王焕文等
2	中华护理学会	1909/江西牯岭	信宝珠等
3	中国地理学会	1909/天津	张相文等
4	中国土木工程学会	1912/广州	詹天佑等
5	中华医学会	1915/上海	颜福庆等
6	中国农学会	1917/上海	王舜臣等
7	中国林学会	1917/南京	凌道扬等
8	中国解剖学会	1920/北京	E. V. Cowdry 等
9	中华心理学会	1921/南京	张耀翔等
10	中国地质学会	1922/北京	章鸿钊等
11	中国化工学会	1922/北京	陈世璋等
12	中国天文学会	1922/北京	高鲁等
13	中国气象学会	1924/青岛	蒋丙然等
14	中国图书馆学会	1925/北京	梁启超等
15	中国麻风防治协会	1926/北京	邝富灼等
16	中国生理学会	1926/上海	林可胜等
17	中国园艺学会	1929/南京	章文才等
18	中国植物病理学会	1929/南京	邹秉文等
19	中国古生物学会	1929/北平	孙云铸等
20	中国纺织工程学会	1930/上海	朱仙舫等
21	中国水利学会	1931/南京	李书田等

---

① 李真真，杜鹏. 科学共同体科技评价专题研究报告//方衍，田德录. 中国特色科技评价体系建设研究. 北京：科学技术文献出版社，2012.

② 王国强. 二十世纪八十年代学会潮——中国科协所属全国学会体系研究. 北京：中国科学技术出版社，2014.

续表

序号	学会名称	成立年份/地点	发起人
22	中国物理学会	1932/北平	李书华等
23	中国化学会	1932/南京	曾昭抡等
24	中国植物学会	1933/重庆	胡先骕等
25	中国防痨协会	1933/上海	吴铁城等
26	中国动物学会	1934/江西庐山	秉志等
27	中国电机工程学会	1934/上海	寿俊良等
28	中国数学会	1935/上海	胡敦复等
29	中国机械工程学会	1936/杭州	刘仙洲等
30	中国畜牧兽医学会	1937/南京	刘行骥等
31	中国造船工程学会	1943/重庆	叶民馥等
32	中国昆虫学会	1944/重庆	吴福桢等
33	中国硅酸盐学会	1945/重庆	赖其芳等
34	中国土壤学会	1945/重庆	陈华癸等
35	中国地球物理学会	1947/南京	陈宗器等
36	中国海洋湖沼学会	1950/上海	孙云铸等
37	中国微生物学会	1952/北京	汤飞凡等
38	中国建筑学会	1953/北京	梁思成等
39	中国农业机械学会	1956/北京	吴相淦等
40	中国金属学会	1956/北京	周仁等
41	中国力学学会	1957/北京	钱学森等
42	中国测绘学会	1959/北京	夏建白

注：中国地理学会由中国地学会和中国地理学会合并而成；表中所列学会名称为1958年该学会名称，非该学会最初成立时的名称。

资料来源：王国强. 二十世纪八十年代学会潮——中国科协所属全国学会体系研究. 北京：中国科学技术出版社，2014：30-37.

　　1958年，"大跃进"开始后，全国科联的工作重点从科学研究转向大众科普，而全国科普的工作重点则从科普工作转向大搞群众性科学研究。鉴于两个组织的实际工作走向汇合，从差异向同一的角色转型，1958年9月，全国科联和全国科普合并为中国科学技术协会。中国科协作为一种新的制度安排具有两个意义：一是一个统一的科学技术团体的出现；二是专门学会的角色及作用最终得到体制上的确认。

　　基于这样一种组织变迁的传承关系，中国科协将原全国科联和全国科普的组织职能集于一身，基本任务是密切结合生产开展群众性的技术革命群众运动。具体任务是：①积极协助有关单位开展科学技术研究和技术改革工作；②总结交流和推广科学技术的发明创造和先进经验；③大力普及科学技术知识；④采取各种业余教育的方法，积极培养科学技术人才；⑤经常开展学术讨论和学术批判，出版学术刊物，继续进行知识分子的团结和改造工作；⑥加强与国际科学技术界的联系，促进国际学术交流和国际科学界保卫和平的斗争。

从其任务内容不难看出，关于科技团体的新政策或制度安排更加强调了它作为一个特定领域群众性组织的角色与作用。这一点从新的入会条件或对会员的基本要求更加突出地体现出来[①]。显然，中国科协作为一个新的、统一的科学技术团体，其组织性质及任务，较之此前的全国科联，都具有很大的不同。尤其是在"大跃进"背景下，就更加体现了群众性组织的角色与作用。这一情景在 20 世纪 60 年代，随着一系列针对学会的新政策而有所改变。

1961 年 4 月，中国科协召开全国工作会议，中共中央宣传部副部长周扬到会讲话。关于学会问题，周扬指出，全国学会的任务主要包括：①开展学术活动，交流学术经验，推广研究成果，讨论学术问题；②促进科学家的自我学习、自我改造；③组织国际学术交流。与此同时，在这次工作会议提出的《关于自然科学专门学会今后一个时期工作的几点意见（草案）》也对学会的性质、作用、任务、会员等 11 个方面提出了具体意见。其中，关于学会的性质，明确提出：学会是科学技术人员、工农革新家和专业行政领导干部自愿参加的群众性的学术组织，是中国科协的重要组成部分。可以说，新的政策赋予了专门学会某些自主权，从而提高了学会的地位和作用。

20 世纪 60 年代前期，学会在科技体制中的地位获得重新承认，学会促进科学技术发展的作用也受到了进一步重视。这一点从以下几个方面得以体现：首先，学会越来越多地承接了来自政府工业或农业部门提交的、需要学会组织研究和加以解决的生产中遇到的各种科学技术问题。由此表明，学会在促进合作方面的作用得到承认和重视。其次，学会的地位和作用的提高更充分地体现在国家科技政策的制定方面。例如，1961 年下半年，天文学会与中国科学院紫金山天文台联合召开了三次分别以"恒星与演化""天体力学""太阳物理和射电天文学"为主题的学术讨论会。这三次会议不仅总结了天文学的最新成

---

① 中国科学技术协会. 当代中国丛书. 北京：当代中国出版社，1994.

就，而且对今后本学科、本专业的发展远景规划提出了许多建设性的意见和建议。1962 年，国家开始制订"科学技术发展十年规划"，在由国家科委（今中华人民共和国科学技术部）主持召开的科学研究工作规划会议上，由各专门学会提交的有关科学进展的报告，成为国家科委在决策过程中获得的最主要的科技情报。最后，各专门学会成为科学家与科策制定者之间交流信息和思想的重要渠道[①]。在"大跃进"形势的驱动下，1961～1965 年，又增加了 18 个全国学会，总的数量达到 60 个（表 2.4）。

表 2.4　1961～1965 年新增的 18 个全国学会

序号	学会名称	成立年份	发起人
1	中国计量测试学会	1961	鞠抗捷等
2	中国自动化学会	1961	钱学森等
3	中国作物学会	1961	金善宝等
4	中国电子学会	1962	王诤等
5	中国煤炭学会	1962	濮洪九等
6	中国计算机学会	1962	张效祥等
7	中国植物保护学会	1962	沈其益等
8	中国汽车工程学会	1963	江泽民等
9	中国水产学会	1963	朱元鼎等
10	中国热带作物学会	1963	何康等
11	中国蚕学会	1963	孙本忠等
12	中国植物生理与植物分子生物学学会	1963	武光等
13	中国科学技术情报学会	1964	武衡等
14	中国航空学会	1964	沈元等
15	中国兵工学会	1964	王立等
16	中国造纸学会	1964	王新元等
17	中国茶叶学会	1964	蒋芸生等
18	中国航海学会	1965	于眉等

资料来源：王国强. 二十世纪八十年代学会潮——中国科协所属全国学会体系研究. 北京：中国科学技术出版社，2014：39-40.

　　20 世纪 50～70 年代，专门学会的角色与作用随着大社会环境而发生改变。从实践层面来观察，不难发现，专门学会在社会体制中具有双重身份：一

[①] 理查德·萨特米尔. 科研与革命：中国科技政策与社会变革. 袁南生，刘戟锋，戴海清等，译. 长沙：国防科技大学出版社，1989.

是以科技团体的身份成为科学组织的一部分；二是以社会团体的身份成为群众组织的一部分。这种双重身份使得学会在不同社会背景中的作用也有所不同，甚至存在着很大的差异性。

二、科学的春天与 20 世纪 80 年代学会潮的形成

1977 年 3 月 9 日，中国科学院、中国科协、国防工业办公室联合向国务院和中央军委提出了《关于恢复和加强国防工业系统学会活动的报告》，并得到中共中央批准，从此拉开了科协恢复活动的序幕[①]。1977 年 6 月 29 日晚，钱学森约谈周培源，谈了他对加强科协和学会工作的想法和建议。钱学森指出[②]：

> 我们国家的科技工作怎么组织起来，怎么更快地搞上去……现在一个突出问题是横向联系怎么办？部门之间同一专业的科技人员如何互相学习、互相启发、交流经验。现在科学规划也没人管……我就想到科协和学会的工作，这是一个能起横向作用的组织，能够打破各个部门的界限，把同一专业的科技人员组织起来互相学习、互相促进。这样，科协和学会的作用就很重要了，这和我们能不能更快地赶超世界水平有很大关系。

1977 年 9 月，在邓小平同志的直接推动下，中共中央发出《关于召开全国科学大会的通知》，明确要求"科学技术协会和各种专门学会要积极开展工作"和"必须大力做好科学普及工作"[③]。在政府重视和科学家的促进下，中国科协和学会开始组织活动。科学家期望学会在召集会议、资助出版、开展国际学术交流，以及促进专业发展等方面发挥更加积极的作用。与此同时，专门学会作为科技界与政府之间交流渠道的角色再次被提上议事日程。1977 年 12 月 10～17 日，中国科协在天津召开中国金属学会、中国航空学会、中国林学会、中国动物学会、中国地理学会等五个学会的学术会议，420 多名科技人员参加了学术会议。这是自"文化大革命"后，中国科协召开的第一次大型多学

---

① 邓楠. 发展与责任. 北京：中国科学技术出版社，2009.
② 王国强，张利洁. 改革开放初期中国学会的兴起. 自然辩证法通讯，2011，（6）：69-76.
③ 王春法. 中国科协发展的回顾与思考. 科技导报，2016，（10）：4-11.

科学术会议，标志着中国科协所属学会的活动开始恢复。1977 年年底，中国航空学会等 23 个全国学会也相继恢复活动。

1978 年 3 月，全国科学大会召开，周培源代表中国科协及所属学会作了题为"科学技术协会要为实现四个现代化作出贡献"的报告，对科协组织和所属学会活动的恢复起到了拨乱反正的作用。全国科学大会犹如一股强劲的春风，吹散了知识分子心中的阴霾，使科技工作者深切地感受到：科学的春天到了！正如郭沫若先生在大会闭幕式的书面讲话——《科学的春天》①中指出，

> 我们民族历史上最灿烂的科学的春天到来了……我的这个发言，与其说是一个老科学工作者的心声，无宁说是对一部巨著的期望。这部伟大的历史巨著，正待我们全体科学工作者和全国各族人民来共同努力，继续创造。它不是写在有限的纸上，而是写在无限的宇宙之间……这是革命的春天，这是人民的春天，这是科学的春天！让我们张开双臂，热烈地拥抱这个春天吧！

在"科学的春天"背景下，1978 年 4 月，国务院批准了《关于全国科协当前工作和机构编制的请示报告》②，中国科协书记处和机关正式恢复，各地方科协及所属学会也相继得到正式恢复。中国科协所属学会进入到创建发展的新时期。虽然这时各省（自治区、直辖市）科协的建立及其编制、经费等问题尚没有明文下达，但是中国科协及其所属全国学会已经开始开展工作，并且开始筹备成立新的全国学会。从 1977 年中国科协恢复活动到 1980 年中国科协第二次全国代表大会召开之前，共新建全国学会 37 个，全国学会的总数达到了 97 个（表 2.5）。

表 2.5　1977～1980 年新增的 37 个全国学会

序号	学会名称	成立年份	发起人
1	中国制冷学会	1977	饶辅民等
2	中国铁道学会	1978	刘建章等
3	中国环境科学学会	1978	马大猷等
4	中国通信学会	1978	王子纲等
5	中华公路学会	1978	潘琪等
6	中国标准化协会	1978	岳志坚等

---

① 郭沫若. 科学的春天. 人民日报，1978 年 4 月 1 日，第三版.
② 裴丽生. 裴丽生文集. 北京：科学普及出版社，2009.

续表

序号	学会名称	成立年份	发起人
7	中国矿物岩石地球化学学会	1978	侯德封等
8	中国管理现代化研究会	1978	于光远等
9	中国技术经济研究会	1978	于光远等
10	中国遗传学会	1978	童第周等
11	中国工程热物理学会	1978	吴仲华等
12	中国未来研究会	1979	于光远等
13	中国仪器仪表学会	1979	汪德昭等
14	中国石油学会	1979	侯祥麟等
15	中华中医药学会	1979	崔月犁等
16	中国针灸学会	1979	鲁之俊等
17	中国生物化学和分子生物学会	1979	王应睐等
18	中国海洋学会	1979	汪德昭等
19	中国工艺美术学会	1979	胡明等
20	中国科普作家协会	1979	高士其等
21	中国图学学会	1979	赵学田等
22	中国现场统计研究会	1979	张里千等
23	中国工艺设计协会	1979	倪庭文等
24	中国档案学会	1979	曾三等
25	中国可再生能源学会	1979	龚堡等
26	中国真空学会	1979	王芳霖等
27	中国宇航学会	1979	张文奇等
28	中国农业工程学会	1979	方粹农等
29	中国腐蚀与防护学会	1979	李苏等
30	中国空间科学学会	1979	何泽慧等
31	中国地震学会	1979	顾功叙等
32	中国稀土学会	1979	方毅等
33	中国草学会	1979	贾慎修等
34	中国光学学会	1979	王大珩等
35	中国生态学会	1979	马世骏等
36	中国核学会	1980	王淦昌等
37	中国运筹学会	1980	关肇直等

资料来源：王国强. 二十世纪八十年代学会潮——中国科协所属全国学会体系研究. 北京：中国科学技术出版社，2014：42-45.

20 世纪 80 年代，随着国家经济体制和科技体制改革的启动与展开，一系列新的政策促进了中国科协和学会的改革。1980 年 3 月，中国科协召开第二次全国代表大会，通过了《中国科学技术协会章程》，并在修订的《中国科学技术协会自然科学专门学会组织通则》中明确了全国学会成立的条件：

第四条　凡有利于学科发展并符合以下条件成立的学会，即：按学科划分，有一定数量专门从事本学科工作、符合会员条件的科技队伍；具有跨行业、跨部门的特点；能独立开展学术活动，可申请加入中国科协，由中国科协常务委员会批准。各学会根据学术活动需要，可设立若干分科（专业）委员会或分科（专业）学会，作为理事会领导下的学术机构。

在中国科协第二次全国代表大会之前，中国科协对申请加入的全国学会的会员数量要求较低，一般只需要 100 名以上专业技术人员即可，所以从组织管理上为全国学会的增长提供了便利的条件。从 1980 年 3 月中国科协第二次全国代表大会到 1982 年的 3 年时间里，又新增 30 个全国学会（表 2.6），中国科协所属全国学会达到了 127 个。

表 2.6　1980～1982 年新增的 30 个全国学会

序号	学会名称	成立年份	发起人
1	中国水力发电工程学会	1980	施嘉炀等
2	中国细胞生物学学会	1980	贝时璋等
3	中国科学技术史学会	1980	钱临照等
4	中国生物医学工程学会	1980	黄家驷等
5	中华印刷技术学会	1980	王仿子等
6	中国生物物理学会	1980	贝时璋等
7	中国空气动力学会	1980	钱学森等
8	中国自然辩证法研究会	1980	于光远等
9	中国食品科学技术学会	1980	尹宗伦等
10	中国土地学会	1980	何康等
11	中国系统工程学会	1980	钱学森等
12	中国自然科学博物馆协会	1980	裴文中等
13	中国体育科学学会	1980	荣高棠等
14	中国文物保护技术协会	1980	王书庄等

续表

序号	学会名称	成立年份	发起人
15	中国能源研究会	1981	林汉雄等
16	中国内燃机学会	1981	史绍熙等
17	中国优选法统筹法与经济数学研究会	1981	华罗庚等
18	中国营养学会	1981	沈治平等
19	中国中文信息学会	1981	钱伟长等
20	中国国土经济学研究会	1981	于光远等
21	中国青少年科技辅导员协会	1981	周培源等
22	中国电工技术学会	1981	江泽民等
23	中国感光学会	1981	任新民等
24	中国中西医结合学会	1981	季钟朴等
25	中国科学技术期刊编辑学会	1981	邓昂等
26	中国人工智能学会	1981	秦元勋等
27	中国流行色协会	1982	王明俊等
28	中国电影电视技术学会	1982	司徒慧敏等
29	中国植物营养与肥料学会	1982	陈华癸等
30	中国科学学与科技政策研究会	1982	钱三强等

资料来源：王国强. 二十世纪八十年代学会潮——中国科协所属全国学会体系研究. 北京：中国科学技术出版社，2014：46-49.

全国学会数量的急剧增长，带来了学会交叉重复等新的问题。1982 年 6 月，中国科协第二届常务委员会第四次会议决定对申请加入中国科协的全国学会（协会、研究会）从严掌握，一般暂不接受。尽管如此，要求成立新学会的势头依然有增无减。截至 1984 年 10 月底，向中国科协提出新学会申请的有 140 多个。在这种情况下，经中国科协学会工作委员会和书记处多次研究，并于 1984 年 11 月提交常委会讨论同意接纳其中的 32 个学会，中国科协所属全国学会由 106 个增加到 138 个。中国科协第三次全国代表大会之后，逐步健全了有关组织和工作条例。根据科协章程和相关工作条例，1984 年以后又陆续接纳了一些学会（也有一些学会退出），中国科协所属全国学会达到 164 个。[①]

1977～1989 年的 13 年里，中国科协所属学会从 60 个激增到 164 个，成为新中国成立以来全国学会增长最快的一个阶段（图 2.2），并由此形成了理、

---

① 王国强. 二十世纪八十年代学会潮——中国科协所属全国学会体系研究. 北京：中国科学技术出版社，2014.

工、农、医、交叉的较为齐全的学科格局。

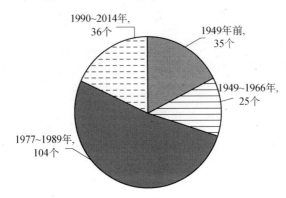

图 2.2　各阶段全国学会增长数量

三、20 世纪 80 年代学会潮的特点

从现象来看，20 世纪 80 年代学会潮是大批科学家热衷于创建学会的结果，这也反映了改革开放背景下中国科学的重建历程。新中国成立以后，逐渐建立了以学科教育和学科科研互为支撑的学科体系，但在"任务带学科"的科技发展理念下，或多或少地弱化了学科的基础建设①，再加上"文化大革命"期间相关工作的停顿，以及学会特有的横向联系功能，使得学会发展成为推进科学技术现代化，进行中国科学重建的突破口。此外，一些特殊的时代因素，如国际交往的客观需要，也促进了学会的发展。因此，从宏观层面来看，与其说 20 世纪 80 年代科技精英创建学会是一种潮流，不如说 20 世纪 80 年代学会潮是一种国家选择，其诞生与发展深受国家战略转向和计划经济体制的影响，这与五四新文化时期学会的兴起与发展是由个人或群体推动的动因有较大的不同。

1. 20 世纪 80 年代学会潮是落实"科学技术是生产力"的产物

"文化大革命"结束后，国内政治形势发生了巨大的变化，科学技术现代化被提到前所未有的高度。1977 年 8 月，邓小平同志主持召开科技工作座谈会，对调动知识分子积极性、科研和教育体制、教育制度和教育质量等问题作

---

① 白春礼. 九层之台 起于累土. 中国科学院院刊, 2011, (6): 1-2.

了重要指示。同年 9 月，邓小平和方毅与教育部主要负责人刘西尧等讨论了教育战线的拨乱反正问题，邓小平凭借其勇气和智慧推翻了所谓"黑线专政"和"资产阶级知识分子"的"两个估计"，突破了"两个凡是"的禁锢，为全国科学大会的召开做了思想上的准备。

为了指导全国各新闻、宣传、出版部门搞好科学大会的动员和宣传工作，大会筹备工作办公室于 1977 年 8 月 29 日发布了《关于迎接全国科学大会的宣传要点》：①要大张旗鼓地宣传科学实验革命运动的伟大意义；②要大造向科学技术现代化进军的声势；③要宣传深入揭批"四人帮"；④要宣传在抓纲治国战略决策指引下，科学兴旺发达、捷报频传的新形势；⑤要表扬先进，特别要表扬有发明创造的科技工作者和工农兵群众；⑥要大力宣传和普及科学知识。当时轰动全国的报告文学《哥德巴赫猜想》就是人民文学杂志社为了配合全国科学大会的召开，约请著名作家徐迟深入中国科学院采访后撰写的。文章在《人民文学》1978 年第 1 期发表，2 月 17 日《人民日报》转载，迅速在科学界和广大读者中引起强烈反响，成为中国当代文学史上的经典之作。陈景润勇攀科学高峰的形象，成为全国人民学习的楷模。

1977 年 9 月，中央政治局会议审议通过了《关于召开全国科学大会的通知》，当中指出：

> 中央决定，1978 年春，在北京召开全国科学大会。全国科学大会的任务是，高举毛泽东思想的伟大旗帜，贯彻执行党的第十一次全国代表大会的路线，深入揭批王洪文、张春桥、江青、姚文元'四人帮'，交流经验，制定规划，表扬先进，特别要表扬有发明创造的科学技术工作者和工农兵群众，动员全党全军全国各族人民和全体科学技术工作者，向科学技术现代化进军……四个现代化的关键是科学技术现代化，能不能把科学技术搞上去，是关系到我们国家命运和前途的大问题。

在科学大会的筹备过程中，各省、自治区、直辖市，各部门都把筹备工作作为落实党的知识分子政策，调动广大科技人员的积极性，以及积极开展科研工作的契机。因此，很多省市和部委都是一把手亲自抓，并专门讨论科技工作。通过推荐先进典型和优秀科技成果、制定科学技术发展规划、整顿和充实科研单位的领导班子、建立和健全党委领导下的所长分工负责制、落实党的知识分子政策、恢复技术职称、提拔了一批专家学者等一系列举措，很快扭转了科研工作长期停顿的局面，使科技界在拨乱反正中起到了带头作用。

1978年3月18日，全国科学大会召开，邓小平在大会开幕式上作了重要讲话。他阐述了"科学技术是生产力"的著名论断，指出新中国的知识分子是工人阶级的一部分，摘掉了长期加在知识分子头上的"资产阶级知识分子"帽子，为我国科技发展扫清了障碍[①]。这次大会在政治上为学会的恢复与发展起到了极大的推动作用。

在政治因素的推动下，20世纪80年代涌现了创建学会的热潮。范岱年先生认为，"那个时代整个科学事业都在恢复和发展，为了促进本学科的发展，大家争先恐后办学会、办报刊、创建研究机构，其中办学会似乎更容易些，更直接些"。1977~1989年创建的104个学会中，涉及的学科之多、参与者的学术名望和政治地位之高、部门支持力度之大都是史无前例的。[②]

2. 中国科协助推了20世纪80年代学会潮的形成

在1958年全国科联、全国科普全国代表大会暨中国科协第一次全国代表大会上，聂荣臻副总理在题为"我国科学技术工作发展的道路"[③]的报告中指出：

> 中国科协应当是党领导下的、社会主义的、全国性的科学技术群众团体，是党动员广大科技工作者和广大人民群众进行技术革命、文化革命的工具和助手。

但"文化大革命"结束后，社会对中国科协及所属学会有着不同的认识。1978年4月，由国家科委发出的《关于全国科协当前工作和机构编制的请示报告》获国务院批准。报告指出，科协恢复后，主要抓"恢复和建立各专门学会，开展学术交流活动"等六项工作，设置学会工作部、普及工作部等七个机构。这使得科协确定了"以活动带组织"的指导思想，通过抓住学术活动这根链条，就把学会的组织恢复、政策落实等多项工作带动起来[④]。继1977年12

---

① 中国科学院院史研究组. 全国科学大会始末. 科学时报（中国科学报），2008年3月13日第二版.

② 王国强. 二十世纪八十年代学会潮——中国科协所属全国学会体系研究. 北京：中国科学技术出版社，2014.

③ 李森. 正确认识中国科协的功能定位. 科协论坛，2014，（3）：39-43.

④ 韩钟崑. 重建科技工作者之家——记裴丽生同志在中国科协领导岗位上（上）. 科协论坛，1998，（4）：12-15.

月在天津组织召开中国金属学会等五学会的学术会议后，中国科协在 1978 年重点组织了中国农学会（太原）、物理学会（庐山）、天文学会（南京）、机械工程学会（秦皇岛）、数学会（成都）五个学术讨论会，对学术活动的全面恢复起到了极大的推动和示范作用。

中国科协党组于 1978 年 6 月向中央提出召开中国科协第二次全国代表大会的要求，并获得批准。之后针对科协定位等问题，向中央提交了《关于召开中国科协第二次全国代表大会几个问题的请示报告》。中共中央于 1978 年 12 月 31 日进行了批复，提出："科学技术协会是党领导下的人民团体之一，它是党团结和联系科技工作者的纽带，是党领导科学技术工作的助手。"1980 年 3 月，中共中央总书记胡耀邦在中国科协第二次全国代表大会上指出："科协是科学家和科技工作者自己的组织，是同工会、共青团、妇联、文联一样重要的群众团体。在向四个现代化进军的征途上，科协尤其具有重要的地位。"1981 年 6 月 27 日，党的十一届六中全会通过的《关于建国以来党的若干历史问题的决议》中提出，党要"保证工会、共青团、妇联、科协、文联等群众组织主动负责地进行工作"，第一次在党的历史决议中确立了科协组织在党和国家政治生活中的地位。中国科协"纽带"和"助手"的定位和作用不仅使科协明确了政治地位，而且使得科协在助推"学会潮"的形成上有了充足的动因和资源保证，学会的发展也取得了政治正当性。

3. 学会具有较强的行政化色彩

尽管 20 世纪 80 年代学会在内部治理结构上承袭了近代学会的民主治理模式，但在政治因素和体制的影响下，加上中国科协的行政机构性质，学会大多由中国科协和挂靠部门共同领导（图 2.3）。理科学会大多挂靠在科学院和高等院校，工科、农科、医科学会大多挂靠在政府部门。学会与挂靠部门必须关系密切，否则很难得到相关资源，因此其内部民主制度无法得到保障。有的行政部门把学会看作自己的附属机构，对学会理事长采用指定或任命的办法，甚至将学会作为安置离退休干部、返城知青的单位，或者根据自己单位的出国或技术需要成立学会。秘书长及其领导下的办事机构是学会制度安排中的重要组成部分，而行政部门却可以直接任命。1985 年，机械工业部下文把中国机械工业学会的秘书机构确定为司局级单位，并在通知中明确表示"对外仍称中国机械工程学会"，"由机械工业部直接领导"。

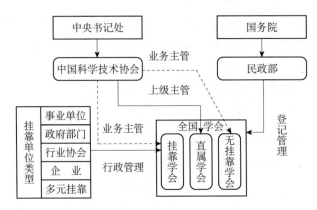

图 2.3　全国学会的管理体系①

资料来源：李真真，杜鹏. 科学共同体科技评价专题研究报告//方衍，田德录.
中国特色科技评价体系建设研究. 北京：科学技术文献出版社，2012：114.

　　1984 年发生的中国地球物理学会与中国科学院地球物理研究所的挂靠单位之争，在当时的历史背景下（即便是现在也并不少见），争论集中反映了挂靠单位的干预和学会的自治行为之间的冲突。一方面，挂靠单位为学会提供了人、财、物等物质基础和所赋予的对学会干部管理的职责，对学会的办事机构有权进行行政管理，特别是对学会专职干部的安排；另一方面，学会认为，根据学会内部治理制度及学会的宗旨，有权通过民主形式决定自己的人事安排和活动安排②。相关问题的形成是中国政治、经济和科技体制变迁的结果，不仅是当时，而且在现在，也是制约学会发展的核心问题之一。

第三节　启蒙运动中的中国近现代学会

　　尼采认为，"求力意志"（will to power，也翻译为权力意志）是对现代人

---

① 全国学会的管理体系一直在发展变化之中。一方面，中国科协在 20 世纪 80～90 年代也经历原国家科委党组代管阶段，另一方面社会组织改革也一直在进行中。
② 王国强. 二十世纪八十年代学会潮——中国科协所属全国学会体系研究. 北京：中国科学技术出版社，2014.

或者承载着现代性人类的一种本质描述。人不是单纯的生存，而是通过追求力量来实现自己①。近代科学中国化在承载着救国兴国历史使命的征程中，也充分地体现了对这种力的追求。值得注意的是，两次学会潮所发生的时间段恰好都处在中国最著名的两次启蒙运动中，这是一种时代的巧合还是历史的必然呢？中国近现代学会也承载着思想启蒙的历史使命吗？

一、何为启蒙运动

启蒙（enlightment），从词的本义来看是指阐明、澄清、照亮。一般具有广义和狭义两个层面的含义。广义的启蒙是指普及新知，使社会接受新观念而获得进步；狭义的启蒙一般指启蒙运动，即思想解放运动。1794 年，康德在《答复这个问题："什么是启蒙运动？"》一文中对启蒙进行了开创性的阐述。按照康德的定义，启蒙运动就是人类脱离自己所加之于自己的不成熟状态，不成熟状态就是不经别人的引导，就对运用自己的理智无能为力②。当其原因不在于缺乏理智，而在于不经别人的引导就缺乏勇气与决心去加以运用时，那么这种不成熟状态就是自己所加之于自己的了。

启蒙运动是一次国际性的思想解放运动，其涉及面极为广泛。启蒙运动不仅盛行于其发祥地英格兰、苏格兰和法国，而且遍及全欧洲乃至全世界，对后来影响最大的就是法国 18 世纪的启蒙运动、苏格兰启蒙运动和德国启蒙运动。因此，人们通常习惯于把 18 世纪看作是西方启蒙运动的时代，但早在 18 世纪之前，一些具有启蒙意味的萌芽就已经开始在欧洲文化土壤中涌现，最为典型的是 14～16 世纪意大利的文艺复兴运动和 16 世纪日耳曼语地区的宗教改革运动。正如美国著名历史学家布林顿教授所指出的③：

> 自第十五世纪晚期至第十七世纪，主要乃一过渡时期，一个为启蒙运动准备的时期。在此过渡阶段，人文主义、基督新教与唯理思想（及自然科学）各尽其分，以破坏中世的宇宙观，准备近世的宇宙观。

---

① 尼采. 权力意志（全二卷）. 孙周兴，译. 北京：商务印书馆，2009.
② 康德. 历史理性批判文集. 何兆武，译. 北京：商务印书馆，1990.
③ 布林顿. 西方近代思想史. 王德昭，译. 上海：华东师范大学出版社，2005.

西方的启蒙运动通常表现为古今之争，它最初表现为一种复古主义——人文主义者和宗教改革家都试图用古代的权威来取代罗马天主教会的权威。人文主义者倡导"回到本源"的文化主张，一方面唤醒了古代的人性精神，创造了美轮美奂的文学艺术作品；另一方面也通过重新考据、诠释基督教的原始文献和早期教父著作，揭露出中世纪通行的《通俗拉丁文本圣经》中的许多错误，为稍后出现的宗教改革运动奠定了重要的思想基础。尽管人文主义和宗教改革为西方近代的启蒙运动做了必要的文化准备，但是并没有动摇基督教的信仰根基。人文主义者只是想用古代的理想来充实基督教，使基督教变得更加具有世俗色彩和人性特点；宗教改革家则把矛头指向罗马教会，试图通过回归使徒楷模而重新纯洁基督教信仰。宗教改革运动要树立的是信仰和圣经的绝对权威，即用信仰的权威取代罗马教会的权威，用圣经的权威取代教皇的权威，这种"唯独信仰，唯独圣经，唯独恩典"的虔信主义对于克服罗马天主教会的堕落和虚伪是非常必要的，但是这场运动本身却具有反理性和反科学的特点，对于新兴的科学理性也构成了巨大的障碍[①]。吊诡的是，宗教改革运动打破了罗马天主教会一统天下的专制格局，其保守的初衷却导致了一种始料未及的革命后果，在客观上开创了一种新时代的前景。

17世纪以后，随着理性的振兴和科学的崛起，启蒙思想家们把眼光投向了未来，明确地以一个先进的新时代来与落后的旧社会相抗衡。他们以怀疑精神为武器、以科学理性为依据，运用经验主义和理性主义方法，树立起一套全新的思想规范。

启蒙运动的经验主义（empiricism），实际上是科学的方法论。培根在《新工具》一书中，在对经院哲学的论证方法进行批判的基础上提出了经验归纳法。培根认为，认识自然界不能靠逻辑演绎法，而应依赖经验归纳法。《新工具》是对亚里士多德《工具论》的修正，是促进科学研究的正确的方法。经验归纳法的基本原则是以实验和观察材料为基础，经过分析、比较、选择、排斥，最后得出正确的结论和普遍的原理[②]。经英国皇家学会和各国致力于实验方法的科学家努力，培根的学说最终进入到启蒙运动的话语和视野之中。伏尔泰在《哲学通信》中向普通法国公众介绍了牛顿的实验科学和洛克的感觉心理

---

① 赵林. 理性与信仰在西方启蒙运动中的张力. 社会科学战线，2011，（9）：7-14.

② 培根. 新工具. 许宝骙，译. 北京：商务印书馆，1984.

学，把培根列为证明获得知识必须进行实验的哲学家之一①。牛顿将培根、洛克等人的经验主义运用到科学研究之中，把对自然现象的观察置于科学研究的中心地位。牛顿力学的创立、万有引力的发现，鼓舞了当时所有的思想家，其科学方法也成为启蒙运动中思想家的方法。因此，启蒙运动也可以看作是对科学革命的继承。

理性主义（rationalism）是建立在承认人的推理可作为知识来源的理论基础上的一种哲学方法。在 17 世纪的英国，科学家和哲学家们普遍认为，人是由上帝创造的。但是他们却强调，上帝在创造人的时候，赋予人一件最高贵的禀性，那就是理性，也就是一种遵循既定法则或规范来管理世界和管理自己的能力。人之所以高出万物，就在于他天生具有理性能力。一般认为，理性主义源于笛卡儿的理论。笛卡儿的名言"我思故我在"就是从理性主义的方法推导而来的。我可以怀疑一切，但不能怀疑我的存在，而我的存在在于我在思考，从我思中可以推出我的存在。这样，"我思"就是一个头脑中所固有的先天的、清楚明晰的观念，从这样一个先天观念出发，我可以推出我的存在，以及具有广延的外在物质世界的存在。启蒙运动的思想家，从理性主义这里找到了一个理解世界、摆脱愚昧与偏见的新的支点②，把理性看成是获得人类真知和摆脱愚昧与偏见的工具。在启蒙思想家看来，"在人类的表达方式当中经得起仔细审视的一切概念都是理性的概念，因此也是启蒙的对象"③。

按照 17 世纪在英国知识分子中广为流传的自然神论的观点，充满理性精神的上帝一方面将普遍必然性的秩序赋予自然界，另一方面把健全的理性赋予人类。自然神论关于自然秩序的宗教信念在科学上得到了牛顿创立的机械论世界观的理论支持，而自然神论关于人类天赋的思想——它最初表现为"自然神论之父"赫伯特在《论真理》一书中所提出的"共同观念"（common notion）——则成为从笛卡儿一直到康德的西欧许多哲学家的普遍共识。如果说自然神论和牛顿的机械论世界观确立了一个严格遵循自然规律的自然世界，那么同时期迅猛发展的自然法学派则确立了一个依照社会契约而运行的宪政社会。这一时期，自然神论与自然法学派相辅相成，共同构成了 18 世纪英国启

---

① 伏尔泰. 哲学通信. 高达观等, 译. 上海：上海人民出版社, 2014.

② 龚群. 反思启蒙与继续启蒙. 广东社会科学, 2014, (1)：62-69.

③ 施密特. 启蒙运动与现代性. 徐向东, 卢华萍, 译. 上海：上海人民出版社, 2005.

蒙运动的理论渊源。

17 世纪的英国自然神论者还停留在对"唯独信仰"的宗教虔信主义的一种理性化改革，而 18 世纪法国的启蒙思想家则走向了激进的无神论，批判的矛头也从罗马天主教会转向了基督教信仰本身。以自然神论者自居的伏尔泰，将理性提升到至高无上的地位，对基督教的组织体系、教义信条和神职人员进行无情的批判，他以理性的名义对那些搜刮民脂民膏的修道院长们宣称道："你们曾经利用过无知、迷信和愚昧的时代来剥夺我们的遗产，践踏我们，用我们的血汗来自肥。理性到来的日子，你们就发抖吧。"①至于到了年轻一代的百科全书派思想家那里，狄德罗、霍尔巴赫等公然宣称自己是无神论者，将对教会体制和神学教义的批判进一步发展为对基督教信仰本身的批判，大声疾呼要运用理性的教育来消除宗教的愚昧，建立起一种世俗的道德规范和法律秩序，从而实现启蒙的目标和进步的理想。霍尔巴赫在《袖珍神学》②中，对上帝、耶稣、宗教裁判所、教会、神父，以及基督教的各种教义和仪式等都进行了无情的挖苦和讽刺。正是这种激烈的宗教批判，使得法国无神论者名声大振而一跃成为 18 世纪启蒙运动的主要代表。

当 18 世纪法国的知识精英们掀起启蒙运动大潮时，他们所面对的是一个强大的专制同盟，因此法国启蒙运动难免带有一种矫枉过正的偏激特点，对宗教的批判也极尽刻薄、恶毒之能事。然而在仍然处于分裂落后状态中的德国，整个近代文化的精神氛围都与马丁·路德所开创的新教传统密切相关。两百余年来，这种新教传统培育了一种德意志民族特有的宗教虔诚。因此，当 18、19 世纪的德国知识分子面对着风靡欧洲的理性主义思潮时，他们所要做的事情就是力图在英、法所代表的普世性的理性精神与德意志民族的宗教虔诚之间建立一种和谐的关系③，在理性与信仰之间保持一种张力。德国启蒙思想家之间的分歧并不在于到底是要理性还是要信仰，而在于理性与信仰在协调的统一体中各自占有什么样的分量。康德建立起一种理性界限内的宗教，一方面将上帝限制在经验知识的范围之外，另一方面则明确表示"我不得不悬置知识，以

---

① 伏尔泰. 哲学辞典. 王燕生，译. 北京：商务印书馆，2009.
② 保尔·霍尔巴赫. 袖珍神学. 单志澄，周以宁，译. 北京：商务印书馆，1972.
③ 赵林. 理性与信仰在西方启蒙运动中的张力. 社会科学战线，2011，（9）：7-14.

便给信仰腾出位置"①。

与法、德等欧陆启蒙运动不同，苏格兰启蒙运动是一场政治转型已然完成的后革命启蒙，它的主要关注点不再是政治革命，而是经济与社会的发展，不再是政治社会的建立，而是市民社会的运行。在这一共同的思想主题下，休谟、斯密、弗格森等苏格兰启蒙思想家明确界分了市民社会与国家，并对市民社会中的人性、道德规范、社会化机制、经济行为、政治法律制度等问题进行了全面而深刻的思想启蒙与理论思考，形成了系统的市民社会理论②，在理性的基础之上建立文明的秩序社会。

乌特拉姆曾在《启蒙运动》一书中对启蒙做出过一个经典定义："启蒙是一种对人类事务要遵循理性而不是信仰、迷信或启示的渴望；启蒙是一种相信人类理性的力量能改变社会并从习俗或专制权力的束缚中解放出来的信念；启蒙观所支持的一切逐渐被科学而不是宗教或传统所证实。"③随着启蒙运动的开展，理性的时代到来了，理性成为西方文化舞台上的主角，欧洲逐渐摆脱了中世纪的浓重阴影而走向现代化。

二、中国启蒙运动中的态度同一性

中国最著名的两次启蒙运动发生在五四新文化运动时期和 20 世纪 80 年代。五四新文化运动重心是反对旧文学、旧道德，提倡新文学（白话文文学）、提倡新道德（个性解放）；20 世纪 80 年代的重心是反省旧观念、旧思维方式，但以"发现个人""肯定自我"、个性解放为主题的启蒙基调却与五四新文化运动是完全一致的④。应该说，中国的启蒙运动为致力于确立现代文明的社会生活秩序奠定了思想基础。

同时，中国的启蒙运动也是一个复杂思想交汇混合的过程。正如许纪霖教授所指出的⑤：

---

① 康德. 纯粹理性批判. 邓晓芒, 译. 北京：人民出版社, 2004.
② 项松林. 苏格兰启蒙运动的思想主题：市民社会的启蒙. 同济大学学报（社会科学版）, 2011,（2）：87-94.
③ Outram D. The Enlightenment—New Approaches to European History. 3rd ed. Cambridge：Cambridge University Press, 2013.
④ 马国川. 金观涛：八十年代的一个宏大思想运动. 经济观察报, 2008 年 4 月 28 日, 第四十一版.
⑤ 许纪霖. 杜亚泉与多元的五四启蒙（代跋）//杜亚泉. 杜亚泉文存. 上海：上海教育出版社, 2003.

　　五四，不仅属于激进的"新青年"，也属于温和的调适派。五四
的无穷魅力，恰恰在于多元，在于其复杂的内涵，正是其复杂的包容
性与多元性，为二十世纪中国思想的发展提供了各种可能的空间。

　　纵观启蒙运动在欧洲社会中的发展历程，可以说它在各个国家的发展情况
是不尽相同的。即使在一个国家内部，尽管启蒙思想家群体对很多问题可能存
在着一定的共识，但差异和分歧不可避免，甚至是思想立场上的根本对立。因
此，我们不能简单地把启蒙运动理解为一个统一的运动，而应该细致地分析它
在不同时代、不同国度中的具体语境和内涵。但尽管如此，欧洲启蒙运动却存
在着一个作为所有这些思想活动的出发点和归宿的清晰可辨的中心。德国哲学
家卡西勒①指出：启蒙思想抛弃了 17 世纪形而上学的抽象演绎的方法，而代之
以分析还原和理智重建的经验归纳方法。启蒙思想家不仅把这一方法论工具运
用于心理学和认识领域，还把它运用于历史、宗教批判、法律和国家及美学领
域，从而树立起"理性"的旗帜，极大地推动了西方思想的世俗化进程，促成
了科学的蓬勃发展。

　　然而，汪晖教授指出，试图在五四启蒙运动中寻找某种一以贯之的方法论
特征几乎是不可能的。这不仅因为中国启蒙思想缺乏欧洲启蒙哲学的那种深刻
的思维传统和知识背景，更重要的是，中国启蒙思想所依据的各种复杂的思想
材料来自各个异质的文化传统，对这些新思想的合理性论证并不能简单地构成
对中国社会的制度、习俗及各种文化传统的分析和重建，而只能在价值上作出
否定性判断②。

　　中国的启蒙是在面对西方列强的严峻压力下发生的。"救亡的局势、国家
的利益、人民的饥饿痛苦，压倒了一切，压倒了知识者或知识群对自由、平
等、民主、民权和各种美妙理想的追求和需要，压倒了对个体尊严、个人权利
的注视和尊重。"③尽管在明末清初西方传教士来华后，随着科学知识的引入、
社会组织方式的调整，造成了很多中国内部反思的问题意识，有很多方面是比
较深刻地包含在类似"礼仪之争"这类辩论中，但是外部世界在经济、政治、
军事方面对中国的巨大的压力使得强国富民成为燃眉之急，同时也使其成为任

---

① 卡西勒. 启蒙哲学. 顾伟铭等，译. 济南：山东人民出版社，1988.
② 汪晖. 预言与危机（上篇）——中国现代历史中的"五四"启蒙运动. 文学评论，1989，（3）：17-25.
③ 李泽厚. 中国现代思想史论. 北京：东方出版社，1987.

何思想反思的唯一标准，即能否让这个国家迅速富强是衡量一切思想价值的唯一尺度。在这样的形式下，很多深刻的、有远见的思想理念和精神价值根本不可能充分开展，只有具有工具性效果的东西才可能被接受，效用原则和功利主义铺天盖地地以启蒙的名义把中国内部的资源冲刷得一干二净。这种精神氛围使得近百年来中国社会的思想缺席成为一种必然的状况[1]。

从内容来看，五四启蒙运动所推崇和宣扬的各种新思想主要来自西方，而不是来自对中国社会结构和历史过程的独特性的分析。因此，许多深刻的思想命题实际上是处在人们所处的实际生活状态之上，而不是其中，它们可能引起人们的震惊，却难以成为全社会持续关注的问题。任何一种新兴的思想、学说，无论它以如何叛逆的、反抗的姿态出现，都能从社会生活的变迁和思维逻辑的衍展中发现它与产生它的社会结构和文化传统的历史的和逻辑的联系。对于中国在相当短暂的时期内同时引入的各种学说和社会思想来说，那种内在的历史与逻辑联系并不存在，即使像鲁迅这样深刻的思想家，也可以把施蒂纳、尼采与托尔斯泰、卢梭相提并论；许多青年思想家同时信奉着马克思、巴枯宁、克鲁泡特金、列宁、尼采、罗素、杜威等的学说。对于一个思想家以至一个思想运动来说，各种"异质的"学说相并存的局面，是以这些思想学说之间历史和逻辑的联系的丧失为前提的，因为只有在这个前提之下，各种"异质的"学说之间的那种对抗性、矛盾性和不可调和的分歧才能被忽略不计。但是，任何一种思想学说一旦丧失了它的历史的和逻辑的生长环境，也就丧失了它严格的规定性和由这种规定性所产生的历史价值。在这样的历史状况中，寻找作为一个启蒙运动的五四新思潮的统一的方法论基础自然变得格外困难[2]。

那么，在缺乏统一的方法论基础，缺乏内在的历史和逻辑的前提下，是什么力量使千差万别的学说、个性各异的人们组成了一个思想运动或启蒙运动？这种在各种理论矛盾之中仍然保持着的内在统一性就是一种"基本态度"。胡适于 1919 年 12 月在《新青年》发表的《新思潮的意义》[3]一文中指出：

据我个人的观察，新思潮的根本意义只是一种新态度。这种新态

---

① 杜维明，黄万盛. 启蒙的反思. 开放时代，2005，（3）：4-22.

② 汪晖. 预言与危机（上篇）——中国现代历史中的"五四"启蒙运动. 文学评论，1989，（3）：17-25.

③ 胡适. 胡适文存（卷四）. 上海：上海书店，1989.

度可叫做"评判的态度"。

评判的态度，简单说来，只是凡事要重新分别一个好与不好。仔细说来，评判的态度含有几种特别的要求：

（1）对于习俗相传下来的制度风俗，要问："这种制度现在还有存在的价值吗？"

（2）对于古代遗传下来的圣贤教训，要问："这句话在今日还是不错吗？"

（3）对于社会上糊涂公认的行为与信仰，都要问："大家公认的，就不会错了吗？人家这样做，我也该这样做吗？难道没有别样做法比这个更好，更有理，更有益的吗？"

尼采说现今时代是一个"重新估定一切价值"的时代。"重新估定一切价值"八个字便是评判的态度的最好解释。从前的人说妇女的脚越小越美。现在我们不但不认小脚为"美"，简直说这是"惨无人道"了。十年前，人家和店家都用鸦片烟敬客。现在鸦片烟变成犯禁品了。二十年前，康有为是洪水猛兽一般的维新党。现在康有为变成老古董了。康有为并不曾变换，估价的人变了，故他的价值也跟着变了。这叫做"重新估定一切价值"。

根据胡适的看法，这种评判的态度表现为"研究问题"和"输入学理"两种趋势。一方面是"因为我们的社会现在正当根本动摇的时候，有许多风俗制度，向来不是问题，现在因为不能适应时势的需要，不能使人满意，都渐渐的变成问题，不能不彻底研究，不能不考问旧日的解决方法是否错误；如果错了，错在什么地方；错误寻出了，可有什么更好的解决方法；有什么方法可以适应现时的要求"[①]。因此需要深入讨论分析孔教、文学改革、国语统一、女子解放问题、贞操、礼教、教育改良、婚姻、父子、戏剧改良等种种社会、政治、宗教、文学问题。另一方面，出于对旧有学术思想的一种不满意和对西方的精神文明的一种新觉悟而需要引入西方的新思想、新学术、新文学、新信仰，如《新青年》的"易卜生号""马克思号"，《民铎》的"现代思潮号"，《新教育》的"杜威号"，《建设》的"全民政治"的学理，以及北京的《晨报》

---

① 胡适. 胡适文存（卷四）. 上海：上海书店，1989.

《国民公报》《每周评论》，上海的《星期评论》《时事新报》《解放与改造》，广州的《民风周刊》等报纸杂志介绍的种种西方学说。

耿云志先生在他的文章中曾这样写道①：

> 研究问题，是胡适提出的一个重大议题。1919年7月，胡适因不满一些人太热衷于讲论他们一时还没有弄得很清楚的冠以某某"主义"名目的外来思想学说，而不太关心中国当前社会上实际存在的种种问题，他认为这是个危险的倾向，所以发表《多研究些问题，少谈些主义》一文，强调研究问题的重要，指出脱离社会实际问题，空洞地高谈主义的危险性。胡适的文章立即引起李大钊和《国民公报》主持人蓝公武的质疑。双方讨论的文章有五六篇，持续时间却不过一两个月。实质上，他们没有一方是抱绝对化的态度，完全否认对方的意见，而是各自强调一个方面的重要性。胡适强调主义、学说、理论不可脱离具体的时间、环境、条件等方面的具体情形；李大钊、蓝公武则强调主义、学说、理论的指导意义，不能陷于具体的问题而迷失了大方向。这场争论其实对中国思想界的意义十分重大，如能深入展开，对于中国思想、社会可能产生极其有益的影响。可惜因时势的急剧发展，争论很快就草草收场。一方面是政府当局出手封闭了作为这场争论主要阵地的《每周评论》；另一方面是时局的变化，把许多人的注意力吸引到政治方面去。

"评判的态度"也好，"重新估定一切价值"也罢，都是鼓励独立思考，反对盲从和迷信。要避免盲从和迷信，要能够独立思考，就要养成一种健全的怀疑态度，就是对既有的祖辈相传的习俗、制度等，要重新评判它们的意义与价值，要拷问它们在今日的社会现实中是否仍具有积极意义，对最大多数的人群，是否还有积极意义，然后再决定弃取。因此，《新思潮的意义》一文，最根本的是提倡一种怀疑的精神、评判的精神、独立思考的勇气②。从这个层面来说，五四新文化运动的意义何其深远。

但是，在当时的"反传统"的潮流中，"评判的态度"中认知的因素远弱

---

① 耿云志. 近代中国文化转型研究导论. 成都：四川人民出版社，2008.
② 耿云志. 重读《新思潮的意义》. 广东社会科学，2011，（6）：6-13.

于情感的因素，因此不足以在总体上建立起"评判的方法"。尽管新文化人物在"研究问题"时发表了不少精辟的分析性意见，但基本上，"价值判断"的意义远胜于对问题的"结构分析"，对于种种社会、政治、宗教、文学问题的讨论仅在于判断它们对于今人的"价值"。因此，"评判的态度"首先是一种价值判断，而不是"分析重建"，虽然这种判断过程包含了某种"分析重建"的因素，但从总体上说没有贯彻为一种普遍的方法。这就是说，五四新文化运动在政治、伦理、哲学和文学等方面呈现了一种"无序"而矛盾的特征，它的内在同一性从表面上是看不出来的：作为一个思想启蒙运动，它找不到一个共同的方法论基础，缺乏那种历史的和逻辑的必然联系。然而，这绝不意味着，五四启蒙运动没有它的内在同一性，只是这种同一性不存在于各种观念的逻辑联系之中，而是存在于纷杂的观念背后，存在于表达这些相互歧异的"观念"的心理冲动之中，也即存在于思想者的"态度"之中[①]。在这种态度的同一性情境下，各种新思潮、新观念在不同的视角下得到多元化的发展，进而形成有别于其在西方本土时不一样的内涵。

三、中国启蒙运动中科学的泛化及近现代学会的历史使命

科学观念的广泛深入是五四新文化运动时期的显著特点。作为与民主并立的一大口号，科学既不是船坚炮利或军事技术，也不是具体科学知识，而是普遍之道。与严复等维新思想家主要将某一特殊科学领域（如数学、历学、化学及生物学中的进化论等）加以提升不同，五四新文化运动时期的知识分子进而将科学作为整体而升华为一种普遍的规范体系。一切都必须按科学原则行事，一切都必须以科学的原则加以裁决[②]。1919 年 1 月，陈独秀在《新青年》第六卷第一号发表的《〈新青年〉罪案之答辩书》中[③]指出：

> 本志同人本来无罪，只因为拥护那德莫克拉西（Democracy）和赛因斯（Science）两位先生，才犯了这几条滔天的大罪。要拥护那德先生，便不得不反对孔教、礼法、贞节、旧伦理、旧政治；要拥护

---

① 汪晖. 预言与危机（上篇）——中国现代历史中的"五四"启蒙运动. 文学评论, 1989,（3）: 17-25.
② 杨国荣. 科学的泛化及其历史意蕴——五四时期科学思潮再评价. 哲学研究, 1989,（5）: 11-18.
③ 陈独秀. 独秀文存选. 贵阳: 贵州教育出版社, 2005.

那赛先生，便不得不反对旧艺术、旧宗教；要拥护德先生又要拥护赛先生，便不得不反对国粹和旧文学。大家平心细想，本志除了拥护德、赛两先生之外，还有别项罪案没有呢？若是没有，请你们不用专门非难本志，要有气力有胆量来反对德、赛两先生，才算是好汉，才算是根本的办法。

在这里，民主和科学已经成为反传统的根本依据。这也说明民主和科学已经成为当时无人敢反对的东西，是判别事物和行为合理与否的最终标准。"这三十年来，有一个名词在国内几乎做到了无上尊严的地位；无论懂与不懂的人，无论守旧和维新的人，都不敢公然对他表示轻视或戏侮的态度。那个名词就是'科学'。"[①]科学已从单纯的知识形态转化为价值形态。这也构成了一个冲突的图景：民主与科学一方面要铲除"菩萨"这些精神的偶像，另一方面自己却成为新的精神偶像。正如台湾学者张灏教授[②]所言：

> 五四实在是一个矛盾的时代：表面上它是一个强调科学，推崇理性的时代，而实际上它却是一个热血沸腾，情绪激荡的时代；表面上五四是以西方启蒙运动重知主义为楷模，而骨子里它却带有强烈的浪漫主义色彩。一方面五四知识分子诅咒宗教，反对偶像，另一方面，他们却极需偶像和信念来满足他们内心的饥渴；一方面，他们主张面对现实，"研究问题"，同时他们又急于找到一种主义，可以给他们一个简单而"一网打尽"的答案。是在这样一个矛盾的心态之下，他们找到了"德先生"和"赛先生"，而"德先生"和"赛先生"在他们的心目中已常常不自觉地变成了"德菩萨"与"赛菩萨"。

从"科学"一词的汉字词源来看，从唐朝到近代以前，"科学"是"科举之学"的略语，"科学"一词虽在汉语典籍中偶有出现，但大多指"科举之学"。近现代意义上的"科学"一词来源于日本。明治元年，福泽谕吉执笔的日本最初的科学入门书《穷理图解》出版。同时，明治时代启蒙思想家西周使用"科学"作为 science 的译词意为"分科之学"。甲午海战以后，中国掀起了

---

① 胡适. 《科学与人生观》序//张君劢，丁文江等. 科学与人生观. 济南：山东人民出版社，1997.

② 张灏. 幽暗意识与民主传统. 北京：新星出版社，2006.

学习近代西方科技的高潮，清末主要向近代化之路上走在前面的日本学习近代科学技术。许多人认为，中国最早使用"科学"一词的学者大概是康有为。他出版的《日本书目志》中就列举了《科学入门》《科学之原理》等书目。辛亥革命时期，中国人使用"科学"一词的频率逐渐增多，出现了"科学"与"格致"两词并存的局面。在中华民国时期，"科学"一词才完全取代"格致"。

　　金观涛、刘青峰两位教授统计《新青年》对"科学"一词的用法，分析《新青年》的作者们给"科学"所赋予的含义，分析发现："科学"除了用来和迷信对立外，主要用来表示物质、进步、伦理建设等含义，而"民主"和"科学"只不过是现代常识和个人独立的代名词而已。因此，他们提出，五四新文化运动的深层动力是中国知识分子常识理性的变迁，以"民主"和"科学"为代名词的现代常识取代了传统的常识和人之常情，成为中国文化从传统演变为现代形态的基础。中国传统文化中，常识自然观本来就具有建构道德的作用，格致是修身的基础，是三纲领八条目的起始环节。1915年以后，新知识分子认为可以用科学自然观来建构新道德，则是把格致的功能赋予科学。这里，科学引进中国走过了一个怪圈：它先从格致中分裂出来，但到1915年又具有了格致的功能。由于近代科学知识不能纳入传统士大夫道德化的自然观，科学知识就只能从传统的格致中分离出来。而一旦科学普及导致现代常识的形成，它必然具有格致那样建构新道德的功能[①]。汪晖也研究了从19世纪末到20世纪初，"科学"与"格致"的使用和意义变化，他认为，"科学"这一概念在语词上摆脱了理学的束缚之后，在被使用的过程中恰恰获得了"格致"概念在理学范畴中的某些根本性的特点。这证明20世纪中国的"思想革命"，在某种程度上只是一种语言幻觉[②]。

　　根据前述近代科学救国思想、思潮的形成历程，从林则徐、魏源等第一批近代知识分子、洋务运动到19世纪与20世纪之交的严复、康有为等维新思想家，对科学的理解经历了一个从器、技到道的过程。作为器和技，科学以物作为变革的对象；作为道，它则以科学知识和科学精神来改变主体（社会整体及个体）的观念。前者旨在通过引入西方科技工艺而实现富国强兵，并让中国人

---

①　金观涛，刘青峰. 新文化运动与常识理性的变迁. 21世纪，1999，（4）：40-54.

②　汪晖. "赛先生"在中国的命运——中国近现代思想中的科学概念及其使用.//陈平原，王守常，汪晖主编. 学人（第1辑）. 南京：江苏文艺出版社，1991.

接受了科学的应用价值（船坚炮利等）；后者则进而要求通过观念转换而实现人的现代化。尽管如此，对于科学理论知识背后的科学方法、科学精神等更为本质的东西，中国人还接受得极为有限。

以《新青年》为依托，以陈独秀、胡适、鲁迅等为代表的五四新文化运动领袖们，正是着重于让中国人接受船坚炮利和科学理论背后更具价值意义，因而在文化冲突中可能更为根本的科学本质观念。因而，陈独秀等五四新文化运动的领袖们把这场启蒙运动视为改变传统价值的伦理革命。然而，正因为过分强调伦理革命，五四新文化运动中以《新青年》为代表的激进派在对科学的宣传中更加突出了科学的价值层面，而相对忽略了科学的理论知识体系本身、科学的社会应用、科学的社会建制等其他层面，也没有认识到科学价值层面背后的社会建制的作用和力量①。这就造成了对科学理解的偏颇。这种偏颇一直延续至今，也成为中国科学获得进一步发展的障碍。

近代科学是一个舶来品。一般来说，完整意义上的科学，应该包括科学的社会应用层面或器物层面（坚船利炮等技术产品）、科学的理论知识层面或解释层面（科学事实、定律、理论等）、科学的价值层面或精神层面（科学观念、精神、原则、方法等）及科学的体制层面或社会建制层面（科学研究机构、科学传播机构、科学学会等学术组织及其存在和运作的社会支持系统），这些层面的内容是一个相互依托、相互影响、不可分割的整体。特别是科学的体制层面或社会建制层面更是构成了科学启蒙的物质基础。科学若仅仅停留在口头言说的宣传，无论多么动听，总是空谈，只有进行实实在在的科学研究，科学在中国才能真正生根发芽。

在五四新文化运动期间，中国真正意义上的科学研究几乎没有，而在"科学的春天"之前除了"两弹一星"等国防科学研究以外，大都处于解散或停滞状态。在这种情况下，科学体制化成为发展科学的头等任务，而学会发挥科学先导的作用，这或许就成为近现代学会所承载的历史使命。

首先，需要对科学进行阐释，使国人对科学的学理与思想理解层面认识不断扩大与深化，从仅仅是狭义的自然科学知识、科学技术扩大到自然科学、社会科学、科学精神、科学方法、科学思想等广义的科学范围。

---

① 陈首，任元彪. 《科学》的科学——对《科学》的科学启蒙含义的考察. 自然科学史研究，2003，（S）：12-32.

其次，在科学研究方面身体力行具体实践。中国科学社将"设立各种科学研究所，施行实验，以求学术、工业及公益事业之进步"写入社章，并于1922年8月创建中国科学社生物研究所。生物研究所作为中国科学社宣扬科学研究、从事科学研究的载体，也是民国科研机关的典范，对中国的科学事业，包括科研人才的培养、科研成果的产出，以及科学研究氛围的形成、科学精神的塑造与传播都做出了不可估量的贡献[①]。与此同时，中国科学社通过带动各专门学会及中央研究院的成立，使中国初步实现了科技体制化。在中国科学社的带动下，各专门学会如中国地质学会、中国气象学会、中国生理学会、中国物理学会、中国化学会、中国地理学会、中国数学会等科学学会应运而生。中央研究院从筹备、建立乃至发展都与中国科学社密切相关。中国科学社社员蔡元培被任命为院长，中央研究院最初40名筹备委员中，除朱家骅等5人外，其余都是中国科学社社员。许多中国科学社社员后来又应邀到中央研究院工作，如中央研究院4位总干事中，就有3位是中国科学社社员，而15位所长中，就有13位是中国科学社社员。

因此，尽管学会的总体力量很微小，但可以说，以中国科学社及《科学》杂志为代表的中国学会"传播了完整意义上的现代科学，这本身就是一种启蒙；它向公众展示了一个至高无上的科学形象，为科学精神的社会文化利用创造了社会基础；它宣扬的科学观和阐发的科学方法，为中国文化进一步发展注入了新的活力；它引进的批判意识和理性精神，为思想家们提供了有力的武器；它把科学置于与民众平行的地位，这是五四新文化运动高扬的'德先生'（民主）和'赛先生'（科学）两面相互辉映的大旗的最初形式"[②]。

---

① 张剑. 科学救国的践行者：中国科学社发展历程回顾. 科学，2015，（5）：3-8.
② 任定成. 在科学与社会之间. 武汉：武汉出版社，1997.

第三章
21 世纪中国学会的发展态势

群心智之事则赜矣。欧人知之，而行之者三：国群曰议院，商群曰公司，士群曰学会。而议院、公司，其识论业艺，罔不由学；故学会者，又二者之母也。学校振之于上，学会成之于下，欧洲之人，以心智雄于天下，自百年以来也。

今欲振中国，在广人才；欲广人才，在兴学会。

——梁启超
《论学会》（1896 年）

从中国学会的发展实践来看,改革一直是其发展历程的主旋律,但不同阶段的改革体现了不同指向和特点。

第一节　新时期学会改革的缘起及演进

一、新时期学会改革的方向是打造现代科技社团

当前学会的创新发展主要体现在打造现代科技社团的改革路径上,正如2016年4月颁布的《中国科协学会学术工作创新发展"十三五"规划》中所指出的:

> 改革是未来五年科协工作的主基调,也是学会学术事业持续发展的不竭动力。要以建设中国特色现代科技社团为导向,通过深化学会治理体系改革,引导学会牢固树立经营学会理念,大幅度提升所属学会的学术建设能力、社会服务能力和基础保障能力,推动科协所属学会结构进一步优化,强化学会党建工作,让学会真正成为科协发挥党和政府联系科技工作者桥梁纽带作用的重要抓手,成为面向科技工作者、面向党和政府、面向社会提供科技类社会化公共服务产品的重要组织。

通过对历年中国科协的重要文件梳理发现,从广义来看,新时期学会改革路径的起点可追溯至"文化大革命"后学会恢复活动[①];从狭义来看,大致可归于2001年中国科协六届二次常委会通过的《关于推进所属全国性学会改革

---

① 特别感谢原中国科协组织人事部部长李森先生的建议。严格意义上说,学会改革的起点在于"文化大革命"后学会恢复活动。学会在恢复活动及重建的过程中,一直进行着改革工作。例如,1989年中国科协第三届全国委员会第四次会议通过的《中国科协改革的基本设想》中明确提出了学会改革的目标、任务、途径等,将"改革学会工作"作为其中的重要组成部分。在此将2001年中国科协第六届常务委员会第二次会议通过的《关于推进所属全国性学会改革的意见》作为新时期学会改革路径的起点,一方面是由于在此以后的改革措施具有延续性,另一方面是研究简化的需要。

的意见》，当时学会改革的总目标是：

> 在党的领导下，确立以会员为主体、实现民主办会、具有现代化科技团体特点的组织体制和管理模式；加强学会能力建设，提高学会竞争能力，建立完善自立、自强和自律的运行机制；改进和丰富活动方式，提高活动质量和水平，进一步树立学会的学术权威性和鲜明的社会形象，增强对广大会员的凝聚力和吸引力；推动全国性学会成为满足党和国家以及科技工作者需要、适应社会主义市场经济体制、符合科技团体活动规律、具有中国特色、充满生机和活力的现代科技团体。

2001年发布的《关于推进所属全国性学会改革的意见》，确定了学会在组织体制、管理模式、运行机制和活动方式等方面的改革内容，突出了"以会员为主体，实现民主办会具有现代科技团体特点的组织体制和管理模式"的改革方向。至此，学会管理一直在向现代化组织理念和管理理念迈进。

二、学会改革的历史背景

中国科协在21世纪之初推出的相关学会改革措施具有其鲜明的历史背景。20世纪80年代末，国家开始加强对社会组织的规范管理。对于学会而言，登记管理机关（各级民政部门）对学会进行审批监管，业务主管单位对学会进行业务指导，办事机构挂靠单位对学会办事机构有行政领导权。在双重甚至多重管理体制下，学会享有自治和实行自治的可能性被剥夺。由于挂靠单位主要是政府部门和事业单位，对学会办事机构在人、财、物上都给予支持，特别是在专职人员的办公场所、编制等问题上，对学会办事机构日常运行作用极大，因此不可避免地会对学会独立开展工作造成干扰。尽管行政干预多年来虽为科技工作者所诟病，但很多学会却离不开挂靠单位，这种矛盾多年来一直持续。

随着社会主义市场经济地位的确立，尤其是20世纪90年代中期国家实施机构调整，一些政府部门改制，使得之前挂靠在这些政府部门的学会失去了挂靠单位，原挂靠单位或撤销与学会机构工作人员的人事关系，或停止学会的经费拨给。资料显示，1995~2000 年，广东省所属学会仅因失去挂靠单位的拨款渠道，整体上年均创收下降了约 60%，学会工作人员流失，机构及管理呈不稳定状态①。这个时期，学会的生存发展面临着一些不适应和困难，不论是主动还是被迫，学会从官办开始转向政社分离②。时任中国科协书记处书记冯长根于 2002 年 5 月 11~13 日在浙江宁波召开的全国地方科协学会改革与发展座谈会上从三个方面论述了推进全国性学会改革的意义③。

第一，推进全国性学会改革，是更好地建设科技工作者之家的需要。随着改革开放的不断深化，以及逐步向社会主义市场经济体制转轨，"建家"工作遇到许多挑战。一是随着经济成分的多样化，外资企业，特别是民营企业大量兴起，非公有制经济组织中大量的科技工作者游离在科协、学会组织之外；二是科技工作者关注的热点——科研院所转制和科技人员的分流、转岗、再就业等问题日益突出；三是随着现代信息手段的普及，学术交流呈现多元化趋势，科技工作者已不必单纯依赖科协组织的活动，学会的活动领域日益被各种其他社团和组织抢滩，一些传统的活动领域如学术交流、科技咨询、人员培训等均面临激烈的竞争，有的甚至已丧失了原来的前列和主导地位；四是计划经济体制长期影响和大多数学会挂靠体制的现状，使得一些学会的办事机构民主办会意识仍比较淡薄，缺乏有效的监督机制。所有这些挑战都说明，通过学会改革促进建家工作的开展已刻不容缓。

第二，推进全国性学会改革，是中国科协服务于国家改革开放的大局，服务于促进经济和社会的发展，进一步整合、开发、利用全国科学技术人才资源的一个具体举措。要从国际性人才竞争的高度，认识全国学会改革对于积极开发全国科学技术人才资源的重要意义。

第三，推进全国性学会改革，是为了在社会主义市场经济的背景下建立与中国科协及其所属全国性学会"桥梁"和"纽带"性质相适应、相协调的新机制。要从创新的高度，充分认识学会改革的重要意义。

① 郑德胜. 学会在危机中崛起的启示——以广东省科协所属学会学术工作为例. 学会，2011，(7)：62-64.
② 刘春平. 改革开放以来学会发展阶段分析. 学会，2015，(6)：35-40.
③ 冯长根. 关于推进全国性学会改革的重要意义. 学会，2002，(6)：5-7.

三、学会改革的演进

学会组织和能力建设一直贯穿在 21 世纪学会改革的进程中。从影响的范围来看，大体分为三个阶段：第一阶段是 2001~2006 年，主要表现在中国科协及地方科协范围内学会的自我改革；第二阶段是 2007~2011 年，在社会组织主管部门民政部的支持下，学会改革成为社会组织改革的重要组成部分；第三阶段是 2012 年至今，在中央的支持下，学会改革上升成为国家治理体系建设的重要组成部分。

2001 年，中国科协成立学会改革领导小组，并颁布《关于推进所属全国学会改革的意见》，决定组织开展学会改革试点工作。2003 年 10 月，中国科协公布参与第一批改革试点工作的全国学会名单，共 40 个学会。在学会改革发展工作的阶段性总结基础上，2005 年，中国科协第六届全委会第五次会议提出学会改革发展工作新部署，更加明确地突出了学会改革方向在体制机制和活动模式方面的凝练。以学会组织和能力建设为主题，根据当时全国学会的实际情况，明确把全国学会体制机制创新作为这一时期学会改革发展的核心内容。同时，根据学会特点的多样性，采取更加灵活多样的方式，为学会体制机制创新的改革实践提供多种渠道和途径，从而实现了对学会改革创新试点工作的分类指导和有序推进。2006 年 10 月，中国科协颁布《关于确定 2006 年度全国学会改革创新试点项目的通知》，经评审，共确定了 21 个专项改革试点项目和 34 个面上改革项目。

为促进学会改革发展有序、持续地开展，2007 年 5 月，民政部、中国科协联合制定出台《关于推进科技类学术团体创新发展试点工作的通知》。该政策进一步明确了全国学会改革创新工作的目标，主要包括：①完善内部治理结构；②强化会员主体地位；③创新组织机构建设；④规范各类服务活动；⑤增强社会服务功能。

2007 年 6 月，中国科协七届四次常委会通过《中国科协关于加强学会工作的若干意见》，以推进学会改革创新试点、强化学会组织管理规范化、优化学会外部发展环境为主要工作内容，积极培育学会创新发展能力，推动学会改革发展工作深入开展。具体内容包括五个方面：①加强学术交流，推动学科发展；②发挥人才智力优势，服务经济社会发展；③增强科普能力，为提高全民科学素质服务；④努力为会员服务，不断增强学会凝聚力；⑤加强组织建设，提升服务能力。

为了促进学会改革工作的深入开展，推广试点工作的经验，2009年民政部办公厅、中国科协办公厅联合印发《关于深入开展科技类学术团体创新发展工作的通知》，按照"会员为本、因会制宜、分类指导、多元发展"的思路，制订了学会创新发展推广工程项目实施方案，将学会改革由试点阶段逐步转入推广阶段，扩大学会改革创新发展的辐射面，通过项目牵引、骨干示范，培育和扶持一批具有较强示范性的骨干学会，带动多数学会强化组织建设基础，拓展服务领域，形成适应市场经济体制，符合社团发展规律，满足政府、社会和会员需求的科技社团发展新格局，探索学会改革发展的多元路径，完善学会发展体制和机制。

为落实中央书记处的指示精神，努力打造国内一流、国际上有影响的骨干示范学会，在财政部支持下，2012年中国科协启动实施学会能力提升专项，中央财政安排1亿元专项资金，设立"优秀科技社团"和"优秀国际科技期刊"奖项，表彰奖励各项工作全面发展、实施效果显著、综合能力排在前列的学会和具有较高学术影响力及国际影响力的科技期刊，通过以奖促建进一步促进学会和期刊的发展。经申报、评审和公示，中国力学学会等45个学会被评为优秀科技社团，《细胞研究（英文版）》等25个期刊被评为优秀国际科技期刊。实施能力提升专项中，重点提升学会服务创新能力、服务社会和政府能力、服务科技工作者能力、学会自我发展能力。

2013年，中国科协积极抓住全面深化改革的战略机遇，拓展学会社会服务职能，积极稳妥推进学会有序承接政府转移职能。该项工作是近年来中央领导批示最多、最密集的重中之重工作。在中央领导同志的重视下，经过沟通、协调和深入调研，形成试点工作方案，并于2014年6月启动试点工作。2015年5月，中央全面深化改革领导小组第十二次会议召开，审议通过了《中国科协所属学会有序承接政府转移职能扩大试点工作实施方案》。

2014年9月，中国科协启动实施"创新驱动助力"工程，主要目的是发挥其所属全国学会的组织和人才优势，围绕增强自主创新能力，通过创新驱动助力工程的示范带动，引导学会在企业创新发展转型升级中主动作为，在地方经济建设主战场发挥生力军作用。中央领导同志对中国科协的创新驱动助力工程十分重视，对此项工作给予充分肯定，并提出明确要求。创新驱动助力工程实施以来，迅速得到了各地党委政府、科协组织和全国学会的关注和支持。

2016年1月，中央全面深化改革领导小组第二十次会议审议通过了《科协系统深化改革实施方案》。通过深化改革，力争从根本上解决机关化、行政化、贵族化、娱乐化等脱离群众的突出问题，所属学会发展和服务能力显著提升，工作手段信息化、组织体系网络化、治理方式现代化迈上新台阶，科协组织的政治性、先进性、群众性更加突出，开放型、枢纽型、平台型特色更加鲜明，服务科技工作者、服务创新驱动发展战略、服务公民科学素质、服务党委和政府科学决策的能力明显增强，真正成为党领导下，团结联系广大科技工作者的人民团体，成为提供科技类公共服务产品的社会组织，成为国家创新体系的重要组成部分，为更好地服务党和国家中心工作奠定坚实基础。

在一系列新政策的指导和激励下，以改革促发展，通过体制机制创新开创学会工作新局面已经成为各学会的自觉行动和内在要求，参与改革和体制机制创新的不仅包括进入改革试点的学会，而且一些未列入改革试点的学会也积极主动地加入到改革创新试点的行列。通过体制机制创新，使全国学会的自身能力不断提高，同时也为全国学会承接政府转移职能，以及参与创新驱动发展战略提供了必要的制度保障和基础。

第二节　新时期学会发展状况的初步扫描

从社会组织评估的相关理论中可以看出，能够反映学会发展状况的评估框架很多，比较典型的包括3E评估、3D评估、APC评估、基于结果的评估等。这些评估体系从不同角度刻画了社会组织的发展状况。其中，3E评估强调组织的经济性（economy）、效率性（efficiency）与效果性（effectiveness）；

3D 评估注重组织的诊断（diagnosis）、设计（design）与发展（development）；APC 评估关注组织的问责（accountability）、绩效（performance）和组织能力（capacity）；基于结果的评估则重视成效和影响，关注目标达成情况等。从实践来看，民政部自 2006 年开始启动社会组织评估工作，逐渐建立了一套社会组织评估指标体系，从基础条件、组织建设、工作绩效、社会评价四个方面对社会组织进行了全面、综合分析和评判。

专栏 3.1　民政部社会组织评估——学术性社会团体评估指标

一、基础条件

（1）法人资格：①法定代表人；②独立办公场所；③专职工作人员；④专职会计人员；⑤个人会员人均净资产。

（2）章程：①章程按规定经民主程序通过；②章程按规定经登记管理机关核准。

（3）遵纪守法：①按规定时间参加年检；②无违反国家法律法规和政策行为。

二、组织建设

（1）民主办会：①按章程规定召开理事会；②按章程规定进行理事会换届；③负责人能团结协作。

（2）组织发展：①个人会员增长率；②向社会招聘人员占专职工作人员比例；③党组织建设。

（3）制度建设：①管理制度项数；②会籍管理制度；③档案管理制度；④印章管理制度；⑤分支机构管理制度。

（4）为会员服务：①对会员参加各类活动优惠措施；②通过会讯、会刊等为会员提供专业信息。

（5）经费筹集与使用：①筹集经费增长率；②经费支出总额；③接受捐赠收入占总收入比例；④学术与科普等业务活动开支占总支出比例。

（6）信息化建设：①独立网站或网页；②计算机管理系统。

三、工作绩效

（1）学术交流：①参加学术活动总人次/个人会员总数；②会议交流论文总篇数/个人会员总数；③人才和成果表彰奖励；④组团出访和接待国外团体来访次数；⑤连续性学术活动。

（2）科学普及：①社团举办的社会科普活动次数；②参与政府重大科普项目数；③连续性科普活动。

（3）咨询与培训：①向厅（局）级以上机构提供重要建议次数；②继续教育培训班次；③完成企事业单位及其他社会机构委托项目数。

（4）编辑出版：①主办期刊、报纸数及编著译图书数；②编撰论文集及其他非正式出版物数。

四、社会评价

（1）国际影响：①会员担任国际学术组织负责人总人次；②承办国际组织委托活动。

（2）表彰奖励：受厅（局）级以上机构表彰奖励次数。

（3）相对人评价：①交纳会费的个人会员比例；②媒体正面报道次数；③有志愿者参与过社团工作；④接受社会捐赠。

资料来源：《民政部关于印发全国性公益类社团、联合类社团、职业类社团、学术类社团评估指标的通知》（民发〔2012〕192 号）

学会的属性大体可以从三个方面来理解。首先，它是一个互益性组织，会员是其最基本的组成要素，也就是说，学会存在的意义在于更好地服务于会员；其次，学会也是一个公益性组织，主要服务于本领域的科学工作者，形成相应的科学共同体，也可以理解为为潜在会员服务；最后，学会是一个社会组织，科学共同体实际上是社会的有机体，与社会产生相应的关联，为社会提供有价值的产品和服务。

为更好地分析学会未来的发展态势，本书在借鉴以上相关评估指标（或框架）的基础上，结合学会的属性，力求把握学会的自身特点，试图从会员组织、科学共同体、社会组织三个角度对学会的发展状况进行刻画，从时间的维度上选取2011～2015年中国科协所属学会统计数据，并以2000年、2004年作为参考基准，重点考察2011～2015年学会的发展状况①。

近年来，中国科协所属学会在理工、农、医等方面的学会数量变动较小，但委托管理学会数量有所增加（表3.1）。从新时期学会发展状况来看，学会在数量、规模上的扩张并不大，学会的跨越发展主要体现在质量的提升上，无论是组织层面还是社会影响层面，都有长足的进步。

表 3.1　历年中国科协所属学会数量变化具体情况

年份	理科学会	工科学会	农科学会	医科学会	其他学会	委托管理	合计
2000	41	65	14	22	26	—	168
2004	41	64	14	22	26	—	167
2011	42	68	15	25	31	17	198
2012	42	68	15	25	31	17	198
2013	42	68	15	25	31	17	198
2014	42	68	15	25	31	19	200
2015	42	68	15	25	31	19	200

一、作为会员组织的学会

学会是由相关领域的科技工作者及机构自愿结成并依法登记成立的全国性、学术性、非营利性的法人社会团体。学会治理结构、会员情况、从业人员、经费筹集与使用四个方面较好地反映了会员组织的特性。

1. 治理结构基本健全，民主办会原则得到初步贯彻

经过多年的发展，学会实行了会员（代表）大会、理事会和常务理事会的三级决策机制，并建立监事、司库等监督机制和制度。

---

① 除非特别说明，本部分采集的数据主要来源于相应年度中国科协学会协会研究会统计年鉴。主要包括：中国科协统计年鉴（2000）、中国科学技术协会学会协会研究会统计年鉴（2005）、中国科学技术协会学会协会研究会统计年鉴（2012）、中国科学技术协会学会协会研究会统计年鉴（2013）、中国科学技术协会学会协会研究会统计年鉴（2014）、中国科学技术协会学会协会研究会统计年鉴（2015）、中国科学技术协会学会协会研究会统计年鉴（2016）。

各学会的会员代表人选基本采取由学会常务理事会分配名额，分支机构推荐等上下结合推举或酝酿产生的方式，会员代表的产生趋于多元化和民主化。理事会、常务理事会及其负责人的选举基本上实现了无记名等额或差额选举，且差额选举的比例逐步增大①，民主化程度不断提高。

专栏 3.2　中国计算机学会理事会换届实现差额选举

中国计算机学会理事长、副理事长、监事长、监事、常务理事等实行全面的差额选举。其中，理事长为 3 人选 1；学术类副理事长为 5 人选 2，企业类副理事长为 3 人选 1；监事长为 2 人选 1，监事为 4 人选 3；学术类常务理事为 36 人选 21，企业类常务理事为 11 选 7。

资料来源："科协改革进行时"微信公众号（2017 年 1 月 2 日）

从规模上看，理事会、常务理事会人 2000～2015 年增长近 50%，这在一定程度上也体现了代表性和民主性，但规模趋于稳定，理事会平均人数规模约170 人，常务理事达到 50 人，详见图 3.1、表 3.2、表 3.3。

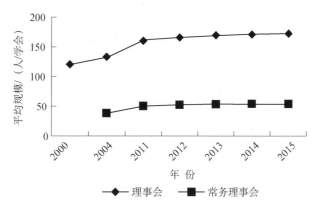

图 3.1　历年学会理事会、常务理事会平均规模

表 3.2　历年各类学会理事会平均规模　　（单位：人/学会）

年份	理科学会	工科学会	农科学会	医科学会	其他学会	委托管理	合计
2000	97.9	144.4	120.4	120.0	96.8	—	120.5
2004	106.3	155.0	134.4	134.3	119.5	—	133.1

---

① 清华大学公共管理学院非政府管理（NGO）研究所. 中国科协全国学会发展报告（2013）. 北京：中国科学技术出版社，2014.

续表

年份	理科学会	工科学会	农科学会	医科学会	其他学会	委托管理	合计
2011	128.3	200.6	160.3	154.1	158.4	87.2	160.0
2012	130.5	212.4	166.7	161.0	159.2	82.9	165.6
2013	132.0	224.5	169.5	161.6	163.1	65.3	169.5
2014	134.1	233.6	169.0	165.2	161.4	66.2	170.7
2015	133.7	230.6	170.9	171.6	159.0	72.3	172.3

表3.3　历年各类学会常务理事会平均规模　（单位：人/学会）

年份	理科学会	工科学会	农科学会	医科学会	其他学会	委托管理	合计
2004	29.1	45.7	39.9	36.7	35.8	—	38.4
2011	36.2	65.8	54.8	46.0	50.1	27.0	50.4
2012	37.6	70.2	55.4	47.8	51.2	25.4	52.5
2013	38.3	74.6	56.4	48.4	50.4	19.4	53.7
2014	38.8	75.6	57.2	50.1	50.5	20.6	54.2
2015	39.0	74.8	57.0	52.5	48.5	22.4	54.1

2. 从业人员增长明显，分支机构趋于稳定

学会办事机构建设直接决定了学会的决策执行情况和核心竞争力。十余年来，学会办事机构队伍日渐壮大，每个办事机构平均从业人员从2000年的11.3人增长到2015年的17.7人，增长率约50%，社会聘用人员稳步增长，人员结构日趋合理，专业化、社会化程度进一步增强（图3.2、图3.3）。

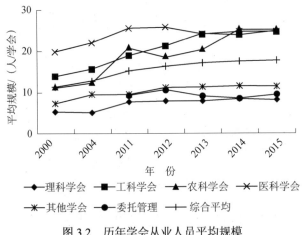

图3.2　历年学会从业人员平均规模

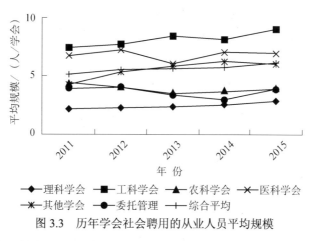

图 3.3　历年学会社会聘用的从业人员平均规模

除了办事机构之外，学会的各专门工作委员会、分（科）学会等分支结构是学会活动的重要载体。2000 年以来，学会根据自身情况和学科发展状况，成立或撤销了很多相关分支机构，但总体规模较为稳定。2000 年，平均每个学会有 5.2 个专门工作委员会和 13.8 个分（科）学会，2015 年分别为 7.8 个和 15.5 个，详见表 3.4、表 3.5。

表 3.4　历年各类学会专门工作委员会设置情况　　　　（单位：个/学会）

年份	理科学会	工科学会	农科学会	医科学会	其他学会	委托管理	合计
2000	5.5	5.4	4.6	4.2	5.3	—	5.2
2004	5.2	5.1	4.9	5.2	6.1	—	5.3
2011	5.2	5.9	6.8	5.2	6.7	2.1	5.5
2012	5.3	6.1	6.8	5.1	6.3	2.1	5.5
2013	5.5	6.4	6.9	5.1	5.8	2.2	5.6
2014	5.6	7.0	7.5	5.5	5.6	3.2	6.0
2015	6.1	11.8	7.5	5.4	6.5	2.3	7.8

表 3.5　历年各类学会分（科）学会设置情况　　　　（单位：个/学会）

年份	理科学会	工科学会	农科学会	医科学会	其他学会	委托管理	合计
2000	12.4	15.3	14.8	18.1	8.1	—	13.8
2004	13.2	16.2	14.1	20.3	7.4	—	14.4
2011	15.5	17.5	14.5	22.8	6.9	1.7	14.5
2012	15.8	17.6	14.5	22.3	6.7	1.9	14.6
2013	15.6	18.4	14.7	23.4	6.9	0.9	14.9
2014	16.1	17.8	13.9	24.9	7.5	0.9	14.8
2015	16.1	19.0	14.9	26.8	7.0	1.4	15.5

3. 会员规模稳中有增，会员结构得到一定优化

会员是学会存在的基础，学会发展离不开会员，学会活力也来自会员的参与和贡献。在将学会打造成科技工作者之家的目标指引下，学会会员的工作得到切实加强。尽管学会的个人会员在十余年里基本保持平衡，但团体会员增长明显，因此在会员规模上保持一个稳中有增的状态。中国科协所属学会个人会员总数由 2000 年的 455 万人增长至 2014 年的 494 万人，平均每个学会的会员规模略有下降，由 2.71 万人降至 2.47 万人，而同期团体会员数量由 2.9 万个增长至 5.7 万个。与此同时，学会会员与缴纳会费的会员规模有了明显增长，会员结构得到一定优化。相关情况详见图 3.4 和表 3.6、表 3.7。

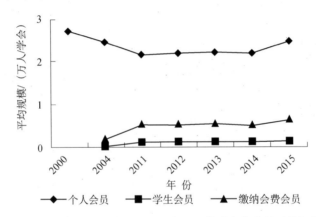

图 3.4　历年学会个人会员、学生会员、缴纳会费会员平均规模

表 3.6　**历年各类学会个人会员平均规模**　（单位：个/学会）

年份	理科学会	工科学会	农科学会	医科学会	其他学会	委托管理	合计
2000	1.37	2.74	2.35	5.39	2.66	—	2.71
2004	1.37	2.76	4.03	4.31	0.94	—	2.45
2011	1.81	2.35	3.82	4.18	0.90	0.10	2.16
2012	2.00	2.30	3.81	4.23	0.91	0.10	2.19
2013	2.02	2.34	3.83	4.24	0.90	0.10	2.21
2014	2.05	2.26	3.80	4.45	0.87	0.11	2.19
2015	2.06	2.75	3.83	5.37	0.86	0.14	2.47

表 3.7　历年各类学会单位（团体）会员平均规模　（单位：个/学会）

年份	理科学会	工科学会	农科学会	医科学会	其他学会	委托管理	合计合计
2000	52.0	349.4	75.1	9.0	106.7	—	171.8
2004	63.1	309.2	117.0	21.7	112.8	—	164.2
2011	127.6	504.5	184.7	37.3	198.7	73.6	256.8
2012	148.1	515.0	183.1	45.8	204.5	73.8	266.3
2013	152.4	558.5	195.7	48.8	201.3	75.3	283.1
2014	154.9	554.9	183.9	51.1	209.3	76.6	280.9
2015	160.0	555.0	218.3	57.6	221.3	80.0	287.8

4. 学会筹资能力增长显著，支出结构日趋合理

十余年来，学会的筹资能力有了明显增长，由 2000 年的 145.1 万元增长到 2012 年的 1064.2 万元，平均每个学会的经费收入增长了 6.3 倍。学会经费筹集总量因学会的学科性质、组织规模、发展阶段等方面的不同而存在较大差异；其中，医科学会、工科学会处于相对领先的位置（图 3.5）。

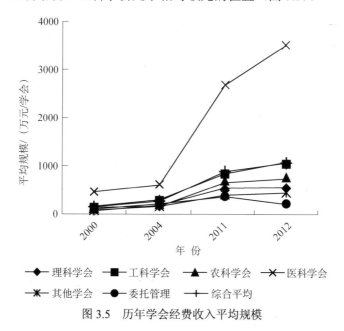

图 3.5　历年学会经费收入平均规模

学会的经费筹集渠道也呈多元化发展的态势，主要包括科协资助、挂靠单位资助、会费收入、捐赠、学会活动收入、承担委托项目、科技期刊收入、其他收入等，相对比例也大体稳定；其中学会活动收入为学会经费的主要来源（图3.6、图3.7）。

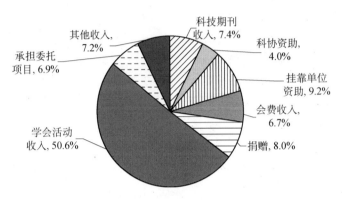

图3.6 学会经费来源比例（2011年）

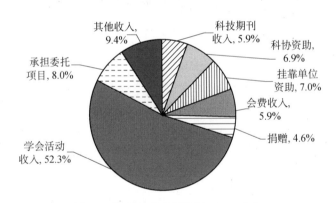

图3.7 学会经费来源比例（2012年）

学会的经费支出主要包括活动（学术和科普）费用和行政费用两部分。随着学会收入的大幅增长，学会的学术活动支出呈现迅速上升的趋势，科普活动费用尽管有所上升但仍处于低位（图3.8）。

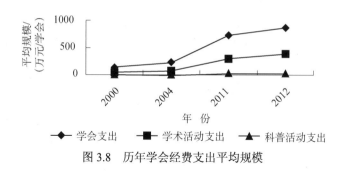

图 3.8　历年学会经费支出平均规模

二、作为科学共同体的学会

作为科学共同体的主要表现形式，学会承担着学术交流的重任，无论是同行交流，还是与公众的沟通都是学会工作的重中之重，学术会议、科技期刊、科学普及三个方面的相关数据可以较好地体现学会作为科学共同体的内涵。

1. 学术会议规模显著扩大，吸引力大幅增强

十余年来，学会举行的国内国际学术会议无论在次数还是规模上都有显著增加。平均每个学会举办的国内会议由 2000 年的 13.1 次上升到 2015 年的 22.6 次，国际会议由 1.2 次增加至 3.3 次，会议的规模也扩大了 1 倍以上，详见图 3.9～图 3.11 和表 3.8、表 3.9。

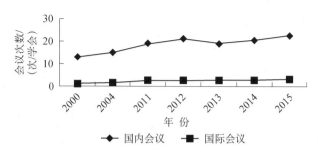

图 3.9　历年学会举行的学术会议次数

表3.8　历年各类学会举行的国内学术会议次数　（单位：次/学会）

年份	理科学会	工科学会	农科学会	医科学会	其他学会	委托管理	综合平均
2000	8.3	19.2	10.5	15.4	5.1	—	13.1
2004	10.0	22.6	11.3	18.5	4.1	—	15.1
2011	13.9	24.1	25.8	35.7	7.7	3.7	19.2
2012	15.5	27.2	31.9	33.9	10.0	5.1	21.3
2013	14.0	26.0	28.0	26.5	8.1	4.2	19.0
2014	14.9	28.8	23.5	32.9	8.4	5.8	20.6
2015	16.0	30.2	28.8	39.0	8.8	6.0	22.6

表3.9　历年各类学会举行的国际学术会议次数　（单位：次/学会）

年份	理科学会	工科学会	农科学会	医科学会	其他学会	委托管理	综合平均
2000	1.3	1.6	0.9	1.3	0.1	—	1.2
2004	1.9	2.5	0.7	1.5	0.3	—	1.7
2011	3.4	3.7	1.7	3.3	1.5	0.5	2.8
2012	3.2	3.2	2.5	3.9	1.5	0.6	2.8
2013	3.6	3.6	2.2	4.0	1.0	0.3	2.8
2014	3.3	3.7	1.7	3.8	1.5	0.8	2.9
2015	3.4	4.2	3.1	5.1	1.2	1.0	3.3

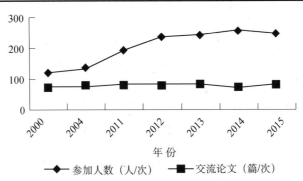

图3.10　历年学会举行国内学术会议的平均规模

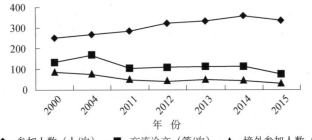

图3.11　历年学会举行国际学术会议的平均规模

专栏 3.3 2016 世界生命科学大会在京隆重召开

由中国科协主办，中国科协生命科学学会联合体、中国国际科技交流中心承办的 2016 世界生命科学大会（2016 World Life Science Conference）今天在北京国家会议中心隆重召开。

本次大会以"健康、农业、环境"为主题，历时 3 天，会议吸引了 36 个国家和地区的近 4000 名科技工作者参加，10 位诺贝尔奖获得者、4 位世界粮食奖和沃尔夫农业奖获得者、英国皇家学会会长、美国科学院院长等众多生命科学领域国际大师应邀出席。这次大会是迄今为止我国举办的生命科学领域层次最高、覆盖面最广的一次国际学术盛会。

本次大会学术报告水平高，研讨内容范围广，成果展览规模大，活动内容丰富。大会期间，还将举办墙报交流、金砖国家等国青年交流会、青年科学家论坛、"诺奖大师与中学生面对面"科普报告会、诺奖大师校园行等活动。大会附设世界生命科学展，全方位展示世界生命科学前沿进展及我国生命科学所取得的辉煌成果。

资料来源：http://news.sciencenet.cn/htmlnews/2016/11/360025.shtm［2017-01-02］。

---

2. 科技期刊数量稳步增长，质量显著提高

中国科协科技期刊是我国最重要的科技期刊集群之一，在一定程度上代表了我国科技期刊的发展水平。从数量上看，科技期刊保持稳步增长，2015 年共 1064 种，比 2000 年的 726 种增长了 47%，比 2004 年的 858 种增长了 24%（图 3.12）。从质量上来看，初步形成了相应的品牌，有效推动了科学发展和自主创新能力的提升。在国内 3 个重要的数据库收录方面，中国科协科技期刊中有 472 种入选北京大学编制的《中文核心期刊要目总览》，其中有 63 种处在学科排名第一的位置，占全部学科类目的 47.4%；483 种期刊被中国科学院文献情报中心建设的中国科学引文数据库（Chinese Science Citation Database，CSCD）收录，其中 125 种期刊进入该数据库的 Q1 区，165 种进入 Q2 区；679 种期刊被中国科技信息研究所发布的《2013 年版中国科技期刊引证报告核心版》（*China Journal Citation Reports*，CJCR）收录，且在其 113 个学科分类

中，名列总被引频次、影响因子、综合评价总分学科排名第一的期刊分别有84 种、70 种和82 种，3 类排名均排第一的期刊中，中国科协科技期刊有59种。在"中国百篇最具影响国内学术论文"的91 篇论文中，中国科协59 种学术期刊刊发的64 篇文章入选，比例高达70.3%[①]。

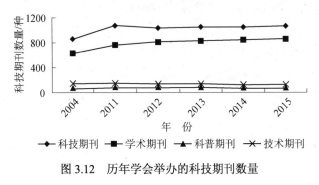

图 3.12   历年学会举办的科技期刊数量

专栏 3.4   中国科协精品科技期刊工程项目主要内容

（一）精品科技期刊示范项目

1. 培育国际知名科技期刊（A 类）：重点培育一批国际化程度较高、有一定国际影响力的科技期刊（英文版）或有一定国际化基础的我国优势学科、重点学科、民族特色学科科技期刊。支持其在稿源、编审、出版、发行等方面进一步提高国际化水平，逐步成长为在相关学科领域具有广泛影响的国际国内知名科技期刊。

2. 培育国内领衔科技期刊（B 类）：重点培育一批国内专业学科领域中综合评价指标居前、具有较好品牌效应或具有较强发展潜力、为我国科技发展战略确定的重点学科领域的科技期刊。支持其进一步提高学术质量和出版质量，逐步成长为学科或专业领域的领衔科技期刊。

（二）科技期刊国际推广项目

1. 培养科技期刊国际化专业人才：提高科技期刊学人办刊的国际化水平，广泛建立与国外同行专家的联系；开展科技期刊国际化专业人才培训，学习借鉴国外先进的办刊经验，引进先进的编辑出版理念和技术。

---

① 清华大学公共管理学院非政府管理（NGO）研究所. 中国科协全国学会发展报告（2013）. 北京：中国科学技术出版社，2014.

2. 扩大科技期刊国际交流与合作：开展国际性科技期刊出版专题学术交流与研讨，促进科技期刊编辑出版国际合作；组织参加重要国际性出版会议及期刊展览，展示科技期刊学术水平和整体优势；推介国内优秀科技期刊加入国际著名检索系统。

（三）科技期刊创新平台建设项目

1. 科技期刊数字化建设：建立完善稿件在线处理系统，实现编辑流程网络化；建立期刊在线发布系统及全文数据库，实现期刊内容的开放存取（OA）和在线发布；建立期刊发行管理平台及数据库，实现期刊经营网络化。

2. 科技期刊出版体制改革试点：按照国家出版发行体制改革方向开展全国学会主办科技期刊的改革试点工作，深化出版管理体制和内部运行机制改革，加强整合，集成资源，提高集群化水平，增强科技期刊的活力和市场竞争力。

3. 搭建科技期刊与大众媒体交流平台：建立完善科技期刊与大众媒体沟通平台，建立科技新闻通讯员和新闻记者网上交互（OA）系统，定期举办科技期刊与大众媒体见面会和交流会；在科技期刊编辑中发展科技新闻通讯员，举办科技新闻写作培训班，提高科技新闻通讯员和新闻记者的科技新闻写作能力；建立科技期刊与大众媒体交流激励机制，激发科技新闻通讯员撰稿和新闻记者发稿的积极性。

4. 科技期刊基础理论建设：开展科技期刊专题调研、召开科技期刊理论研讨会、编制科技期刊发展报告、举办中国科技期刊发展论坛等。

5. 科技期刊基础条件建设：举办科技期刊从业人员岗位培训、开展中国科协期刊优秀学术论文评选、开展期刊年度核验和年度审读，加强期刊出版监督与管理。

资料来源：中国科学技术协会.《中国科协精品科技期刊工程项目管理办法（试行）》（2008年11月）。

3. 科学普及形式多样化，信息化程度有所提高

近年来，学会采取科普宣讲、科普展览、制作播放广播电视节目、科技下乡、科教进社区等多种形式开展科普活动，其中以科普宣讲为主，举办活动的频率和受众人数显著增加，同时也针对青少年举办了形式多样的活动（表3.10、表3.11）。从科普渠道来看，学会也顺应信息时代的发展趋势，科普信息化水平有所提高。

专栏 3.5　2016 中国机器人大赛·中国中部国际机器人及智能装备产业博览会在长沙举行

2016 年 10 月 28～30 日，"2016 中国机器人大赛·中国中部国际机器人及智能装备产业博览会"在长沙红星国际会展中心隆重举行。本次赛会由中国自动化学会、长沙市人民政府共同主办，中国自动化学会机器人竞赛工作委员会、中国自动化学会机器人竞赛与培训部、长沙市雨花区人民政府、湖南省机器人产业集聚区（长沙雨花经济开发区管理委员会）共同承办。来自全国28个省、自治区、直辖市的240余所院校的近1200支参赛队伍同台竞技；国内外多家知名机器人及智能装备企业参展。

中国机器人大赛作为我国具有极大影响力、最权威的机器人技术大赛、学术大会和科普盛会，众多国内著名机器人专家学者参加，是当今中国智能制造技术和高端人才的重大交流活动，受到了国家和业界的高度重视。自 1999 年开始举办以来，中国机器人大赛通过竞赛和学术研讨形式，让更多人尤其是青少年学生了解机器人，喜爱机器人，通过活动普及知识，为我国的机器人事业培养更多的优秀人才，也为推动和促进机器人与自动化技术的发展与创新，为我国相关产业的快速持续发展贡献力量。截至目前，该项赛事已分别在北京、上海、广州、长沙、苏州等地成功举办了 18 届。

本届机器人大赛精彩纷呈，亮点频出。不但传承了过往17届的精髓，还紧贴智能机器人产业最新发展形势进行革新。

（1）赛事规格高。提升了主办单位级别，由往届二级学会——中国自动化学会机器人竞赛工作委员会转由一级学会——中国自动化学会主办，投入更多资源，为机器人赛事发展带来新的活力。

（2）大赛论坛学术水平高。根据赛事同期举办学术论坛的惯例，2016年在"大众创业、万众创新"的大背景下，与工信部软件与集成电路促进中心联合举办了"开源与机器智能发展"论坛。除相关院士的高水平报告外，国内在开源领悟及机器人教学科研领域的著名学者分别就各自所从事研究领域的最新成果做出了各具特色的高水准术报告。

（3）赛项齐全，涵盖"海陆空"。在赛项设置上，通过对往届比赛项目的梳理，将原有的15个大项调整为17个大项，设置了空中机器人、救援机器人等多项符合机器人发展热点和难点的比赛项目，让比赛更贴近产业发展趋势。在参赛队伍规模上，来自全国28个省、自治区、直辖市的240余所院校的近1200支参赛队伍成功报名，3600多人同台竞技，规模大赛项多，场馆分有比赛和展示两个板块，主场馆面积达2.4万平方米，设有比赛区、湖南省机器人产业集聚区形象馆、人机智能互动区、虚拟现实VR活动区、无人机展区、培训机构区等区域。

资料来源：http://www.cast.org.cn/n17040442/n17045712/n17059079/17441230.html [2016-12-02]。

表 3.10 历年学会科普宣讲活动基本情况

	2000 年	2004 年	2011 年	2012 年	2013 年	2014 年	2015 年
科普宣讲次数/次	1 234	1 864	6 013	6 465	6 481	7 760	8 449
受众人数/万人次	233	136	4 011	1 242	1 638	11 419	9 100

表 3.11 历年学会举办的科技竞赛、夏冬令营基本情况

		2000 年	2004 年	2011 年	2012 年	2013 年	2014 年	2015 年
科技竞赛	次数/项	24	36	117	138	119	135	169
	参加人数/万人	166	295	491	411	391	125	218
夏冬令营	次数/次	69	41	39	73	42	40	58
	参加人数/万人	1.7	0.6	0.6	0.5	0.7	0.5	0.5

表 3.12   历年学会制作播放广播电视节目基本情况

	2004 年	2011 年	2012 年	2013 年	2014 年	2015 年
制作广播电视节目套数/套	34	40	100	87	93	
播放广播电视节目时间/分钟	1 573	16 761	8 566	6 708	3 054	1 0232

三、作为社会组织的学会

近年来，学会围绕经济、社会和政府的需求，充分发挥科技社团在推动全社会创新活动中的作用，学会的工作范围得到较大的拓展，通过积极开展第三方科技评价、进行科技奖励、制定标准和规范、开展科技人才评价和人才举荐、助力地方和区域经济发展、为政府决策部门提供咨询建议等，学会的社会价值得到进一步认可，日益成为推动社会管理体制创新和科技创新的重要力量。其中，学会有序承接政府转移职能和创新驱动助力工程是学会相关重点工作和亮点的主要代表。

1. 学会有序承接政府转移职能

近十多年来，学会的改革发展一直是中国科协及全国学会的重点工作，而如何促进学会开展社会化服务职能是学会改革发展的关键环节。围绕学会开展社会化服务职能、承接转移职能，中国科协及全国学会开展了大量的工作。但由于历史、体制等问题，以及政府职能转移存在难度、学会自身能力总体不高等主客观原因，相关工作进展缓慢。

党的十八大以来，在国家全面深化改革的背景下，学会承接政府转移职能的工作有了明显的突破。其意义主要表现在三个方面：一是中央领导同志高度重视，并将学会承接职能转移职能工作与科技体制改革以及相关领域改革结合起来整体推进；二是相关部委对于推进学会有序承接转移职能具备基本共识，普遍认为发挥科技类社会组织的作用是当前科技发展形势的必然要求；三是学会承接职能转移职能工作有序开展，特别是通过试点和扩大试点工作为国家进一步加大政府职能转变力度提供了示范支撑案例。

专栏 3.6　中国科协所属学会有序承接政府转移职能内容
首批试点项目（2014~2015）

1. 高等学校本科工程教育专业认证
2. 化学领域国家重点实验室评估
3. 工程技术人员职业资格认定
4. 国家科技奖励推荐
5. 部分领域 863 计划和支撑计划推荐
6. 电子行业节能减排专业服务平台
7. 社会团体标准研制试点
8. 国家科技报告分专业领域进行分析研判
9. 中央部门预算中医医院项目预算专家论证评审
10. 梁思成建筑奖评选

资料来源：根据相关学会网站整理。

专栏 3.7　中国科协所属学会有序承接政府转移职能扩大试点
主要内容

以首批试点工作成果为基础，围绕相关科技评估、工程技术领域职业资格认定、技术标准研制、国家科技奖励推荐等开展扩大试点工作，进一步探索深层次问题，形成制度机制成果，积累改革经验。

（1）相关科技评估。根据《中共中央、国务院关于深化科技体制改革加快国家创新体系建设的意见》有关要求，以服务科技发展、科学决策为目标，以客观中立、开放实用为导向，充分发挥科技社团在科技评价中独立第三方作用，推动建立健全科技评估制度，提供宏观层面的战略评估，促进科技评价的公平、公开和公正，形成决策、执行、评价相对分开的运行机制。按照有关规定，接受科技部等部门委托，以后评估为重点，开展国家科研和创新基地评估、科技计划实施情况的整体评估、科研项目完成情况评估三个方面的试点探索。

（2）工程技术领域职业资格认定。围绕推进科技人才评价专业化、社会化的总体要求，突出学会专业属性和技术优势，重点开展专业技术人员专业水平评价类而非行业准入类职业资格认定，以区分学会和行业协会的差异与合理分工。选择信息工程、软件开发等专业性、技术性较强的领域，遴选具备能力要求的学会，经有关政府部门审核确认，参与或承担水平评价类职业资格认定工作。在有关政府部门的指导下，试点探索开展非公有制经济组织的专业技术人员职称评定工作。

（3）技术标准研制。选择3D打印、物联网、工业机器人、新能源汽车、中医药等专业领域，鼓励学会面向新兴交叉学科和市场需求空白，协调相关市场主体共同制定满足市场和创新需要的团体标准，促进形成产学研相结合的团体标准研制模式，增加标准的有效供给，发挥团体标准作为市场自主制定标准的优势，逐步形成政府主导制定标准与市场自主制定标准协同发展、协调配套的新型标准体系。及时总结试点经验，为完善国家标准化工作的相关政策法规提供支撑。

（4）国家科技奖励推荐。按照有关规定，完善国家科技奖励推荐提名制度，在确保质量的前提下，扩大专业学会推荐范围。进一步完善学会推荐的遴选和动态调整机制，引导学会强化自身管理，严格工作规范和程序，稳步提升知名度和影响力。

资料来源：中共中央办公厅，国务院办公厅.《中国科协所属学会有序承接政府转移职能扩大试点工作实施方案》（2015年7月）。

当前，学会承接政府转移职能工作呈良性发展态势，正处于规模数量逐步增加、社会影响力初步形成的阶段，取得了多赢的效果。一是取得了良好的社会评价，学会充分发挥组织优势、人才优势和服务意识，高质高效地开展社会化服务，在承接政府转移职能的实践中得到了相关部门高度认可，例如，中央部门预算中医医院项目预算专家论证评审、化学领域国家重点实验室评估等试点项目完成后，不仅政府部门对相关学会表示高度认可，完全采纳了评估意见，而且评估相关方也对评估结果的零异议；二是初步建立了学会承接政府转移职能的工作机制和监管机制，为政府部门更好地转移职能探索了方向，为社会组织更好地承接政府转移职能积累了经验，为更好地加强事中事后监管提供了借鉴；三是明确了学会适宜承接相关科技评估、工程技术领域职业资格认定、技术标准研制、国家科技奖励推荐等相关职能，为全面厘清政府、社会、市场之间的关系提供了有效的基础；四是扩大了学会的社会影响，相关学会也在社会化服务的实践中提升了能力，学会的社会公信力得到了显著提高，对于打造"能负责""能问责"的现代科技社团、建立现代社会组织管理体制具有重要的推动作用。

2. 创新驱动助力工程

2014年10月，中国科协启动实施"创新驱动助力"工程，在全国选择有代表性的城市或地区，设立创新驱动示范区，组织、动员全国有关学会为地方政府和企业提供智力支持，发挥人才优势和组织优势，引导学会在企业创新发展中主动作为，在地方经济建设主战场中奋发有为。

专栏 3.8　中国科协"创新驱动助力"工程主要内容

（1）为地方区域经济发展提供咨询建议。组织专家团队，在充分调研的基础上，根据国家政策导向，结合地方实际情况，发挥相关学会人才荟萃、智力密集、熟悉学科发展和技术前沿、获取最新信息快等优势，对地方区域发展战略、产业发展升级规划、重点产业升级技术路线图等提出专业意见建议。

（2）帮助地方解决重大战略中的关键技术问题。按照地方需求，帮助示范区解决优势资源科学开发和高效利用、生态修复和建设、环境保护、城市规划、传统产业升级改造等重大战略中的关键技术问题。

（3）建立产学研联合创新平台。依据示范区重点产业发展需求，组织高等院校、科研院所的科技成果、科技项目和专业人才进行对接，促进研究机构与示范区企业之间的知识流动与技术转移。联合开展科技攻关、共同建立研发平台、合作培养创新人才、促进校地合作、构建产业技术创新战略联盟。

（4）促进科技成果和专利技术推广应用。联合科研院所、高等院校、企业等创新资源，利用中国科协"科技信息服务企业创新"项目库的国外专利信息资源，帮助重点企业引进先进技术开展系统技术服务，在重点企业开展创新方法培训，指导先进技术的推广应用。

（5）承接示范区有关科技攻关项目。经双方协商，承接地方委托的产业转型升级所需共性关键技术研究协同创新攻关等项目，帮助推进整个行业特别是中小企业的技术升级，培育新兴产业，提升传统产业，发展低碳经济，保障和改善民生。

资料来源：中国科学技术协会.《中国科协关于实施创新驱动助力工程的意见》（2014 年 10 月）。

根据中国科协创新驱动助力工程进展情况的月报显示，截至 2015 年年底，共有 22 个省（自治区、直辖市）、42 个地级市（区）和近 70 家全国学会自主申报试点示范。为合理布局、有序推进创新驱动助力工程，中国科协采取了"点状分布、链状延伸、面状辐射"的引导思路，先后分批确定了 19 个创新驱动示范市（区）作"点"状分布，3 个省试点和 3 个副省级城市试点进行"面"状辐射，14 个试点学会开展"链"状延伸。

在中国科协的统筹安排下，在地方党委与政府的积极响应、地方科协和全国学会的协同配合、企业和专家的热情参与下，助力工程取得了显著成效：拓展了科协特色的协同创新网络，帮助一批科技型企业解决了发展难题，提高了科技成果转化效率，加快了区域转型和产业升级步伐，激发了广大科技工作者的创新创业热情，得到了社会各界的广泛认可。

第三节　学会未来发展态势

从学会近年来的发展历程来看，学会的改革成果已经显现。尽管整体上学会边缘化的局面并没有完全改变，制约学会发展的体制机制问题也没有根本解决，但是在一批优秀学会的带动下，中国科协所属全国学会整体能力得到很大的提升，社会影响力已经彰显，正处于量变向质变转变的关键时刻。从这个意义上说，学会正在经历一场前所未有的发展高潮。

当前，从中央和国家层面以及中国科协层面为学会改革发展绘制了规模宏大的路线图，涉及学会自身改革、优化学术环境、助力创新发展、提供科技类公共服务、建立特色的人才工作体系等多方面，这些改革目标形塑着学会的未来。

专栏 3.9　中国科协学会学术工作创新发展目标

到 2020 年将达到以下目标：

（1）学会改革取得明显成效，创新和服务能力大幅度提升。打造 20 个优先建设学会，50 个重点建设学会，30 个特色建设学会，形成若干具有国际影响的科技社团，科协所属学会在科技界的代表性和影响力明显提高。

（2）学术环境明显优化，学术交流更加活跃。培育 10~15 个品牌学术会议、100 个示范学术会议，会议结构明显优化，学术交流质量和水平显著提高。打造 50 种攀登世界科技高峰的英文期刊，20 种进入世界期刊学科排名 Q1 区，初步建立起中国特色现代科技期刊体系。

（3）在经济建设主战场上更加奋发有为，服务创新发展的能力进一步凸显。参与助力工程的学会达到 100 个，创新驱动示范市达到 40 个，学会牵头成立 25 个产业协同创新共同体，建立 200 个示范院士专家工作站，成为国家创新体系建设的重要力量。

（4）承接政府转移职能工作常态化，公共服务市场地位明显提高。更多学会参与科技评估、团体标准研制、工程技术领域专业技术人员职业资格认定、科技奖励提名工作，更多政府部门向科协所属学会购买社会化公共服务产品，形成一批承接政府转移职能操作规范，学会成为科技类公共服务产品的重要提供者。

（5）人才工作特色鲜明，发现培养表彰举荐宣传初成体系。聚焦"高精尖缺"，畅通科技人才从同行认可走向社会认可和政府认可的通道，表彰奖励和宣传一批杰出科学家和工程师，通过青年人才托举工程遴选支持 1000 名青年优秀科技工作者，面向未来、面向世界科技前沿的青年科技创新主力团队雏形初具规模。

资料来源：中国科学技术协会.《中国科协学会学术工作创新发展"十三五"规划》（2016 年 4 月）。

专栏 3.10　"十三五"时期科协事业发展的主要目标

"十三五"时期,科协事业发展的总体目标是:支撑全面建成小康社会和创新型国家建设的能力明显增强。科协系统全面深化改革取得突破性进展,基本形成符合科技创新规律和国家发展需要的中国特色群团发展体制机制。自身能力建设明显增强,开放型、枢纽型、平台型的科协组织功能充分体现。

(1)成为国家创新体系的重要力量。建设 50~80 个具有国内一流、国际知名的优秀学会,现代化学会治理体系基本形成;培育 100 个学术会议示范品牌,打造 100 种代表国家水平的精品期刊,引领学科发展、促进学术交流、提供科技公共服务的能力不断增强,成为助力创新驱动发展、服务大众创业万众创新的重要力量。

(2)促进全民科学素质跨越提升。到 2020 年,建成适应全面小康社会和创新型国家、服务创新驱动发展和人民科技文化需求、依托互联网等信息技术的现代科普体系,科普的国家自信力、社会感召力、公众吸引力显著提升,我国公民具备科学素质比例超过 10%,达到创新型国家水平。

(3)建成中国特色智库体系的重要组成部分。成为创新引领、国家倚重、社会信任、国际知名的高水平科技创新智库,在国家科技创新战略规划和政策制定中发挥重要支撑作用,"小中心、大外围"的智库发展格局基本形成。

(4)基本形成深度融合、开放合作、互利共赢的对外民间科技交流新格局。我国科技界国际地位、影响力、话语权和主导权显著提升,服务创新型国家建设的能力显著提升,服务国家对外开放新体制能力显著提升,服务国家外交和港澳台工作大局能力显著提升。

(5)"建家交友"取得明显成效。与科技工作者联系更加密切,维护科技工作者权益的工作机制日益完善,建成人才举荐的重要渠道、事业发展的重要平台,科技工作者的认可度大幅提高,凝聚力显著增强,成为名副其实的科技工作者之家。

（6）能力建设明显增强。学会治理方式现代化、组织体系网络化、工作手段信息化实现新跨越，建设成为平台型、枢纽型、开放型的科协组织。

资料来源：中国科学技术协会.《中国科学技术协会事业发展"十三五"规划（2016—2020）》（2016 年 8 月）。

从当前经济社会面临的形势来看，并结合十余年来学会的改革历程，学会未来的发展体现出以下四个方面的发展态势[①]。

一、学会从科研活动的协调向创新要素协调转变

20 世纪 90 年代以来，世界经济进入了一个剧烈的变动时期，由工业经济向知识经济过渡或转变。这不仅表现在各国对高技术领域的投资迅速增加、高技术产业已经成为国民经济增长的主要因素，各国对知识型劳动力的需求大幅度提高等有形的方面，而且也表现在主要从事科学技术知识生产的研究开发部门和主要从事科学技术知识分配与扩散的教育培训与信息传输部门不仅自身的活动规模迅速扩大，并且已经发展成为国民经济的基础。在这样一种背景之下，世界经济出现了两个非常重要的发展趋势，即经济知识化和经济全球化[②]。

经济知识化和经济全球化的趋势凸显了创新的重要性，而这里的创新是由新的思想、学说、方法、理论和新技术演变而成的一个经济学概念。按照熊彼特的定义，创新是建立一种新的生产函数，是企业家对生产要素的新组合，以形成新的生产能力，最终获得潜在利润，也就是通过将科学技术与市场相结合，产生新的社会价值。这就迫切要求建立科学技术知识在整个社会范围内实现发现、流动和应用的良性机制，即国家创新体系。此时，学会的协调功能也就需要相应地扩展，从促进知识发现的科研活动的协调转变为促进产生社会价值的创新活动的协调。这种转变将根本性地改变学会在科学共同体乃至社会中的定位，对学会未来的发展产生重要影响。

正如中国科协书记处书记王春法在 2015 年 12 月中国科协创新驱动助力工程调研座谈活动中所指出的，推进创新驱动助力工程要从调动科技工作者的积

---

① 杜鹏. 21 世纪的中国学会：基本状况、发展态势及未来挑战. 今日科苑，2016，（11）：15-17.
② 罗伟，王春法，方新. 国家创新系统与当代经济特征. 科学学研究，1999，（2）：9-25.

极性、发挥学会的动员组织作用、发挥企业的创新主体作用、发挥地方科协的推动促进作用、发挥地方政府的支持作用，以及发挥中国科协的统筹协调作用等方面，加强沟通、联合协作，以更高的标准和要求彰显创新驱动助力工程在推动供给侧改革、增强自主创新能力中的巨大潜力①。

二、学会的服务对象由科学共同体向全社会拓展

改革开放以来，在政府的直接推动下，中国的社会工作和公共服务供给初步完成了专业化的过程②，2006 年中共中央十六届六中全会的《中共中央关于构建社会主义和谐社会若干重大问题的决定》明确了中国社会工作发展的新取向，即中国的社会工作将是"发展以专业为基础、以公共服务和社会管理为取向的社会工作"。一方面是由于中国社会工作是为解决那些市场化改革的意外社会后果而被推上中国的历史舞台的，体现出复杂性和多样性，需要有一系列针对不同问题的专业化工作方法；另一方面伴随着科学技术在社会的嵌入，相当多的公共服务供给体现出一定的技术或专业性的要求。

与此同时，在行政体制改革的不断深入推动下，政府职能和履行职能的形式将发生新的变化，为初步实现专业化建设的中国社会工作的发展提供了新的机遇。国家逐步退出服务供给环节，社会组织发挥专业能力，使单位资源所发挥的服务效果得到大的提升，从而实现服务增值。这就为代表科学共同体的、以学科专业为载体的学会承担科技类公共服务供给提供了现实需求，也使得学会的服务对象由科学共同体向全社会拓展。而近年来学会在科技评价、工程技术领域职业资格认定、技术标准研制、科技奖励等方面的成功探索也彰显了学会承担科技类公共服务供给的重要社会作用。

三、学会的结构调整将成为自身建设的关键

经过十余年的改革，学会取得了长足的进步，各项指标大幅提升，已基本

---

① 福建省科学技术协会. 2015 中国科协创新驱动助力工程调研座谈活动在闽举行.科协快讯. 第 99 期（总 1056 期），2015 年 12 月 29 日.

② 葛忠明. 从专业化到专业主义：中国社会工作专业发展中的一个潜在问题. 社会科学，2015，（4）：96-104.

摆脱十余年前所面临的生存问题，如何更好地围绕提升核心竞争力而进行结构调整成为学会面临的新问题。例如：

（1）学术交流。随着信息技术的发展、普及及科研组织日趋多元化，学会一些传统的活动领域如学术交流、科技咨询、人员培训等均面临激烈的竞争。在这种状况下，学会组织的学术交流活动能够形成品牌，2015年，平均每个学会每年能组织22.6次和3.3次规模达到300人左右的国内国际会议，已经难能可贵。未来学会学术交流在次数和规模上的大幅提升已不可持续，如何进一步提升学术交流的质量，使之真正成为新思想、新观点的源泉，是学会未来面临的核心议题之一。

（2）会员发展。毋庸置疑，加强会员发展是学会的持久目标。从整体上来看，近年来学会的会员规模趋于稳定，优化会员的结构成为会员工作的核心内容之一。当前学会通过设立高级会员和荣誉会员、注重吸收学生会员、发展外籍或海外会员等方式，开启了学会的分类发展和管理，从纵向看有了较大进步，但从横向看差距明显。例如，学生会员的多少在一定意义上反映了学会未来的兴衰，2004年平均每个学会有300名学生会员，2015年提升至1500名，同比增长了400%，但这些数据与相关领域的研究生规模相比却无法相提并论，并且学生会员在2015年占个人会员的比例也仅仅达到6%。又如，提升缴纳会费会员比例不仅意味着学会增加了收入，而且更重要的是反映了学会吸引力和凝聚力的提高，2004年平均每个学会缴纳会费会员有2100名，2015年提升至6600名，尽管同比增加了214%，但在2015年缴纳会费会员占个人会员的比例也仅仅达到27%，这与学会作为会员组织的定位是不相称的。种种数据表明，优化会员结构之路任重道远，不仅在于加强会员的分类发展与管理，更在于如何给会员（潜在会员）提供优质、便捷的服务。

（3）经费筹措。尽管学会经费筹集渠道呈多元化发展的态势，但是当前学会过于依赖活动和项目经费收入，会费收入、科技期刊收入等自主性筹集经费所占比例较低，仅到经费总额的10%左右。这种状况使得学会在开展第三方评价或公共服务时，很难摆脱对相关主体的经费依赖关系，这不利于发挥学会第三方角色应具有的客观、中立的作用，在一定程度上束缚了学会发展空间和公信力的提升。

四、学会的分化加剧

中国科协所属全国学会主要按照学科类别分为理科学会、工科学会、农科学会、医科学会、其他（交叉学科）学会及委托管理学会六大类。由于各学会学科性质及历史渊源、挂靠机构等方面不尽相同，学会整体能力差异很大。下文以学会从业人员（办事机构工作人员）的相关数据为例做进一步分析。

2000 年，在 168 个中国科协所属学会中，学会平均从业人员为 11.3 人，中位数为 6 人，其标准差为 24.0，变异系数（标准差系数）为 2.1；2011 年，在 198 个中国科协所属学会中，学会平均从业人员为 15.2 人，中位数为 9 人，其标准差为 27.6，变异系数为 1.8；2015 年，在 200 个中国科协所属学会中，学会平均从业人员为 17.7 人，中位数为 10 人，其标准差为 26.7，变异系数为 1.5。相关数据见表 3.13。

表 3.13   学会在 2000 年、2011 年、2015 年从业人员分布区间对比

学会从业人员人数区间	2000 年		2011 年		2015 年	
	学会数量/个	比例/%	学会数量/个	比例/%	学会数量/个	比例/%
0~5 人	73	43.5	63	31.9	53	26.5
6~10 人	54	32.1	54	27.3	52	26.0
11~15 人	12	7.1	28	14.1	32	16.0
16~30 人	20	11.9	35	17.7	36	18.0
31~50 人	6	3.6	9	4.5	15	7.5
51 人以上	3	1.8	9	4.5	12	6.0
合计	168	100	198	100	200	100

从历年数据来看，学会平均从业人员人数和中位数都在增加，但中位数的变动滞后于平均从业人员人数，两者之差反而从 5.3、6.2 扩大到 7.7。尽管反映数据差异的变异系数有所下降，但从某种意义来说，学会的分化在加剧。

学会从业人员状况尽管只能部分地反映学会能力，但却较好地从整体上刻画了学会的分化状态，即能力强的学会并不是很多，相当数量的学会能力亟待提升。在当前学会面临跨越发展的时期，这种能力差异极有可能被放大。如果这样，受影响的不仅仅是该学会或者中国科协，而相关学科的整体建设和发展遭受损失。

第四章
新知识生产模式下的科学共同体重构

　　我很早就认识到，而且在若干年以前就说过，你们如果能把新的事物秩序明确地提到眼前，跟过去以及现存的一切作一比较，你们就会迫不及待地要求进行这种改革了。你们将在新房屋建成并能迁入居住以前就要把旧房屋毁掉。这种感情是很自然的，但是，这种作法却是非常不聪明的。从今以后，我将毋须敦促你们实际推行我所提出的这个计划。这种计划必能为你们和你们的子女以及子孙万代提供幸福，你们希望实际享有这种幸福的迫切心情将远远不是人们国前为实现这个计划而进行准备的一切力量所能满足的。但这些考虑不应当妨碍我们作出一切可能的实际准备，来消除我们现存的祸害和困苦，并毫不迟延地用一种新环境来代替它们。毫无疑问，这种环境定能产生世界上从未有过的幸福，你们当中任何一个人都不能对它作出明确的估价。

　　　　　　　　　　　　　　　　——罗伯特·欧文
　　　　　　　　　　　　《让更多的人获得幸福》（1817 年）

科学的体制化和职业化，不但使科学走上了稳定、迅速发展的轨道，而且极大地发挥了科学的社会职能，深刻改变了人类的生活空间。当代社会变迁——不论是向知识社会的转变，还是沿着全球化、信息化的方向不断前行——既是科学技术进步的结果，同时又深刻改变了知识生产的资源禀赋和知识消费的需求状况，改变了科学与技术、科学技术与社会之间的关系，形成了新的科学知识生产利益格局，也改变了科学知识生产与科学知识应用之间，以及科学、技术与创新之间的关系①。学会的角色从科研活动的协调向创新要素协调的转变在一定程度上也是这种复杂关系相互作用的结果。

无论是科学研究本身，还是科学的社会建制及政策和研究文化，都处于一个协同发展的演进状态之中。由于社会对科学的介入和依赖越来越深，科学以及相应的社会建制在表现形式上随之发生了很多改变，科学共同体的组成和形式日趋复杂化。

第一节　科学与政治（社会）关系的演变：从线性模型到国家创新体系

在近代科学发轫之后的相当长时间里，科学的发展独立于政府之外，主要是科学爱好者的业余活动。早在 17 世纪，科学家利用通信手段进行科学交流，以避免个人研究出现僵化和教条的倾向。科学的社会互动模式随之形成并获得推演，它表现在，"无形学院"的形成和各种学会及科学期刊的出现。由此形成了科学内部的社会管理，也就是同行来确定诸如谁学、谁教、谁领先、谁将进行科研工作，以及什么结果应被发表和应用等一系列关键决策。在科学内部的社会管理中，科学共同体通过规范系统和奖励系统，对科学活动和科学成果进行交流、评价、承认、分配，对科学成果的质量起着社会控制的作用，从而保证科学这一社会系统的有效运行。而科学家的贡献及其建立在此基础之

---

① 李正风. 科学知识生产方式及其演变. 北京：清华大学出版社，2006.

上的学术声誉，在相当程度上取决于他那个领域的科学界同仁对他的评价。

科学体制化在 19 世纪进入了一个迅速发展的时期。这时，科学发展的中心转移到了德国。德国的大学制度改革在大学创造性地发展出了与教学相结合的科学研究制度，大学成为教学与研究相结合的机构，附设于教授教席的实验室，以及研究组织形成与教学直接联系在一起的研究所，为促进科学研究的发展提供了制度保障。与此同时，政府实验室和工业实验室的相继出现，更加丰富了科学体制的内涵。这也使得政府逐渐进入科技管理的领域，并成为其中的重要角色。因此，科学管理存在着相互嵌透的双重管理模式，即政府自上而下的管理和科学共同体的自治[1]。

从科学与国家关系的历史演变来看，科学家对科学知识生产过程中学术自由内在价值观念的维护与政府对国家利益和公众利益的追求之间存在着内在的张力。科学与国家关系的演变既受到人们对科学知识生产社会功能和对政府职责的认识的影响，也与不同阶段科学知识生产的特点，以及不同历史时期公众对科学知识生产的要求有关，这个过程也是科学家与政治家和其他相关社会角色协调利益关系并进行社会协商的过程。

在市场经济体制下，支持科学是否是政府的职责？政府应该在什么意义上支持科学，政府应该如何支持科学？在这些问题上长期存在争议。但是在科学的体制化过程中，法国、德国、美国等国家的政府已经在不同程度上支持科学研究活动，只是这种实践长期处于模糊和探索状态。以美国为例，20 世纪 40 年代，万尼瓦尔·布什认为，"我们没有国家的科学政策。政府仅仅开始在国家的福利事业中利用科学。政府内部没有负责系统地提出或执行国家科学政策的实体。国会里也没有致力于这一重要课题的常设委员会"[2]。直到《科学——没有止境的前沿》这部影响了美国乃至整个世界科学技术政策报告的出现，这种状态才得到改观。

① 杜鹏，李凤. 是自上而下的管理还是科学共同体的自治——对我国科技评价问题的重新审视. 科学学研究，2016，(5)：641-646，667.

② 布什. 科学——没有止境的前沿. 范岱年等，译. 北京：商务印书馆，2004.

一、科学知识生产与应用的线性模型

万尼瓦尔·布什是一位对美国科学技术政策产生过重要影响的科学家。他一生不仅在电子学领域申请并获得50余项发明专利,更重要的是他曾创办了一个组织,专门协调政府与研究机构之间的关系,一方面争取政府对私人研究机构的支持和资助,另一方面充分协调私人研究组织间的关系,整合研究资源,为政府和经济发展服务。他的很多建议对美国科学技术政策的制定和实施产生了重大的影响。1944年11月,布什遵照罗斯福总统的指示,预测如何在和平时期发挥科学的作用。经过近一年的潜心研究,他于1945年7月在著名的《科学——永无止境的前沿》研究报告中,提出了在学界和政界都具有较大影响力的"科学研究的线性模型"(图4.1)。

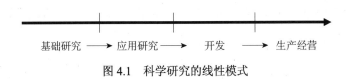

基础研究 ⟶ 应用研究 ⟶ 开发 ⟶ 生产经营

图4.1　科学研究的线性模式

这种线性模式认为,"基础研究是技术进步的先行者"。"从事基础研究的科学家对他的工作的实际应用可能没有兴趣,但是,如果基础研究长期被忽视,工业研制的更大进展最终将停止。"这也决定了"科学是政府应当关心的事情"。与此同时,基础研究是应用研究的知识源泉,但应用研究对基础研究的反向作用却是消极的。"除非制定审慎的政策来防止这一点,否则,在立刻得到结果的压力下,应用研究总是要排斥科学研究的。"应该给予基础研究充分的自治权,让科学研究按照自己的方式运行并发挥作用,只有这样,科学研究才能提出解决社会问题的方法。因此,科学共同体可以不必关心应用目标,可以不必关心国家利益,却能够自然而言地为国家利益服务,国家也可以放心资助科学而不干预科学,却能够自然而然地从科学的发展中全面获益。这也构成了第二次世界大战战后时代政治与科学关系的主导性意识形态,可以视为一个隐喻式的、科学的社会契约[①],即政治共同体同意向科学

---

① 大卫·古斯顿. 在政治与科学之间:确保科学研究的诚信与产出率. 龚旭,译. 北京:科学出版社,2011.

共同体提供资源，并允许科学共同体保留决策机制，反过来他们期待着将来获得尚不确切的技术收益。

布什关于科学研究的线性模型深刻地影响了美国乃至世界各国制定科学技术政策的战略目标，尤其是建议政府建立国家基金，加大对基础研究支持的力度，这对基础研究的发展起到了极大的促进作用。"布什报告有深远影响的原因，不单单在于他制定了详细的政策蓝图，更在于当他和他的同事争取让和平年代加强对基础科学的支持，对研究进程的政府干预明显减少时，提出了对科学与技术的框架性思考。"①

二、国家创新系统中的大学-产业-政府之间关系

20 世纪 80 年代以来，各国政府主动引导学术研究与产业发展需求相接轨，将基础研究和国家战略以及产业发展密切结合起来。英国撒切尔政府推动中央集权的科技政策，通过对国家科研经费的分配来引导英国科学家从事有商业价值的研究。美国里根政府通过《拜杜法案》，以联邦政府资金赞助大学与国家实验室研究，并授权民间企业共同开发生产，并分享研究成果所带来的实质报酬。

1987 年，英国学者弗里曼（C. Freeman）运用国家创新体系这一概念来分析日本经济实绩，出版了《技术政策与经济运行》②著作，并且产生了广泛的影响，自此国家创新体系作为一种理论概念和分析方法引起了学术界的重视和肯定。弗里曼通过深入分析指出，国家在推动本国技术创新中起着十分重要的作用，一国经济发展，以及科学技术的追赶、跨越的过程中，仅仅依靠自由竞争和市场经济的推动是远远不够的，国家的政策导向在其中起到至关重要的作用，因此，提出了国家创新系统的概念，倡导在国家层面推动自主创新能力，提高创新绩效。与此同时，B. A. Lundvall、R. R. Nelson、C. Edquist 等学者也围绕国家创新系统发表了重要的研究成果。

国家创新系统思想，反映了知识经济背景下，人们对经济发展模式与自主创新能力的深入理解，一经提出立刻引发了诸多国家政府和国际组织对创新系

① D E 司托克斯. 基础研究与技术创新：巴斯德象限. 周春彦，谷春立，译. 北京：科学出版社，1999.

② Freeman C. Technology Policy and Economic Performance：Lessons from Japan. London：Pinter，1987.

统问题的广泛关注。经济合作与发展组织（Organisation for Economic Cooperation and Development，OECD）启动了历时数年（1994～2002年）的"国家创新系统"项目。OECD认为，对创新系统的理解可以帮助决策者鉴明可以提高创新绩效和整体竞争力的支点。国家创新系统的概念直接使决策者注意到可能存在的系统失灵，这种系统失灵会与一般被人们更多认识到的市场失灵相伴而生。系统中，活动者之间缺乏相互作用，公共部门的基础研究与工业界的应用研究之间配置不当，技术转移机构的失效以及产业部门信息获取与吸收能力的不足，都会限制创新和知识的扩散。政府寻求改进这些相互作用，能够为系统中各要素之间有效的合作提供基础。OECD国家创新系统项目的研究表明，创新系统的管理需要综合的、连贯的政策，这种政策以单个手段与整体目标的很好配合为特征，也以不同政策领域中的手段与目标兼顾、协调为特征。这不仅包括同时间的政策行为的协调，而且也包括对与原本追求其他目标的政策之间可能发生的相互作用进行估价。这首先关系到创新政策的核心层，如科学技术与教育，但也必须考虑许多其他政策的影响[①]。因此，国家创新系统是一组独特的机构的网络，它们分别和联合推进新技术的发展和扩散，提供关于形成和执行创新政策的框架，是创造、储存和转移知识、技能和新技术的、相互联系的机构的系统。

国家创新系统的思想，是20世纪80年代以来各国学者及相关组织从创新研究的系统范式出发，在国家层面高度关注的创新系统建设的重要成果，其中的一个核心问题是科学（基础研究）、产业和政府三个领域的关系问题。与之相应，在最近几十年，学术界已经提出来大量概念和理论模型，试图分析大学-产业-政府之间关系的转变过程。

从国家层次来说，特别在自由资本主义社会中，政府、产业和大学这三个制度领域之间：从前是相对独立的，而现在，正日益交织在一起发挥作用，在创新过程的各个不同阶段出现螺旋状的联系模式，形成了所谓的三螺旋（图4.2）。尤其在区域层次，埃茨科瓦茨和雷德斯道夫认为，支持区域创新系统的制度网络化必须形成一个螺旋状的联系模式，这种缠绕在一起的三螺旋有三股：一是由地方或区域政府和它们的机构组成的行政链；二是生产链，包括沿着垂直和水平联系或多或少的组织化的公司；三是由研究和学术制度组成的技

① 李正风，曾国屏. OECD国家创新系统研究及其意义——从理论走向政策. 科学学研究，2004，（2）：206-211.

术一科学链。在区域发展中，对于三螺旋机制的有效运作来说，在其要素之间高度的同步性是必需的。假如一个或两个螺旋发展较弱，或者不能很好地同步，那么，在生产机构、研究和教育体制，以及公共权威间的相互作用就被严重损坏了①。

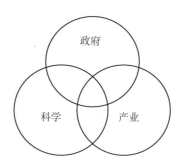

图 4.2　大学-政府-产业关系的三螺旋模式

三螺旋模式就其精髓来说，虽然区别了三个群体和不同目标，却是强调了产业、学术界和政府的合作关系，强调这些群体的共同利益是给他们所处的社会创造价值。其中的关键是，它在公共与私立的、科学和技术、大学和产业之间的边界是流动的。大学和公司正承担以前是由其他部门领衔的任务，对政府来说，在不同层次的科学和技术政策下，去塑造这些相互关系日益成为工作主题。总之，大学-产业-政府关系可以认为是以沟通为核心的、进化网络的三个螺旋。显然，与在双螺旋中的直接地相互作用相比，这个三螺旋模式要复杂得多，也更有可能贴近现实状况。

总之，在国家创新系统中，三螺旋模式试图揭示和精确描述正在出现的制度力量的新结构，也就是说，创新的这个三螺旋模式（相对于传统线性模型），抓住了在知识资本化过程不同阶段的制度安排中的多元互惠关系②。

三、新的大科学转向：以巨型对撞机争论为例

科学与政治（社会）关系从线性模型演变到国家创新系统，反过来重塑着

---

① Etzkowitz H，Leydesdorff L. The dynamics of innovation：from national systems and "Mode 2" to a triple helix of university-industry-government relations. *Research Policy*，2000，29（2）：109-123.

② 方卫华. 创新研究的三螺旋模型：概念、结构和公共政策含义. 自然辩证法研究，2003，（11）：69-72，78.

科学研究的方向和进程。2016年9月4日，微信公众号"知识分子"刊发诺贝尔奖获得者杨振宁博士的一篇文章《中国今天不宜建造超大对撞机》[①]，中国科学院高能物理研究所所长王贻芳院士撰文进行反驳[②]，这也使得中国目前是否适宜建造大型对撞机的争论，成为社会关注的一个话题，并引发多位科学家发表观点。这一争论的主要内容和各方立场，实际上是美国高能物理学界20世纪60年代、90年代两次争论的翻版（美国两次争论的差别只在于后者的形势已转为对支持方大为不利）。这种争论反映出代表基础研究的粒子物理所遭遇的危机[③]，表明科学的社会基础已经发生了改变。对于对撞机和粒子物理而言，则形成了一种新的大科学转向。

1. 粒子物理及其发展轨迹

粒子物理学（又称高能物理学）是物理学的一个分支学科，其研究对象是比原子核更深层次的微观世界中物质的结构性质，以及在很高的能量下这些物质相互转化的现象，以及产生这些现象的原因和规律。

1911年，诺贝尔物理学奖获得者欧内斯特·卢瑟福（Ernest Rutherford）在曼彻斯特的实验室中，将放射性衰变产生的带电粒子束引向一片金箔。当时，人们普遍认为原子的质量均匀分布，镭元素发射的带电粒子就应该几乎无偏转地穿过金箔。使卢瑟福意外的是，一些粒子在金箔上被径直反弹回来。这意味着，它们被金原子中某种很小但很重的东西所排斥。卢瑟福认为这就是原子的核，电子绕着它旋转[④]。这是一个伟大的科学发现。

从那以后，核物理迅速变"大"。卢瑟福实验中的带电粒子束能量不够高，它们还不能穿透金原子核的电斥力并进入原子核。为了敲开原子核以搞清楚它们究竟是什么，物理学家在20世纪30年代发明了回旋加速器，以及能够将带电粒子加速到更高能量的其他机器。

第二次世界大战后，新的加速器建成，但其研究目标发生了改变。物理学

---

① 网易财经. 杨振宁: 中国今天不宜建造超大对撞机（2016年9月4日）. http://money.163.com/16/0904/09/C04254FB002580S6.html.

② 网易财经. 王贻芳驳杨振宁: 中国今天应该建造大型对撞机（2016年9月5日）. http://money.163.com/16/0905/11/C06QT280002580S6.html.

③④ Steven Weinberg. The Crisis of Big Science. *The New York Review of Books*，2012，59（8）. http://www.nybooks.com/articles/2012/05/10/crisis-big-science/，该篇文章的中文译文参见微信公众号"赛先生"于2016年9月5日发布的文章，鲜于中之译.

家需要将普通粒子，比如质子（也就是氢的原子核），加速到更高能量，以便当这些高能粒子打向固定靶上的原子时，它们的能量足以转化成新粒子的质量[①]。物理学家建造这些加速器的真正意图在于，通过创造新的物质种类，来探寻所有种类物质所服从的自然规律。

20 世纪 50 年代美国伯克利辐射实验室有当时世界最强大的加速器（Bevatron），占据了一整座建筑。人们利用该加速器将质子加速到足够高的能量，然后用这些高能质子创造反质子。在反质子出现的同时，上百种新的不稳定粒子也一并被创造了出来。这些新粒子的种类如此多，以至于很难都被认为是基本的粒子。对于粒子物理学家来说，一切都令人困惑，但也令人激动[②]。

在 Bevatron 运转了十年之后，人们开始明白，为了理解这些新发现的粒子，需要更高能的新一代加速器。新的加速器在芝加哥城外的费米实验室、日内瓦附近的欧洲核子研究组织（European Organization for Nuclear Research, CERN），以及美国和欧洲的其他实验室相继建造起来。此时，一座大楼已经容纳不下它巨大的身躯。

到 20 世纪 70 年代中期，这些实验室产生的数据与理论科学家的工作一起，创造了一个关于粒子与力的全面理论，即标准模型。粒子物理学标准模型以夸克模型为结构载体，在弱电统一理论，以及量子色动力学的基础上逐步建立和发展起来。格拉肖等人被称为标准模型的奠基人。标准模型描述了与电磁力、强作用力、弱作用力三种基本力（没有描述重力）及组成所有物质的基本粒子的所有物理现象，可很好地解释和描述基本粒子的特性及相互间的作用[③]。

尽管标准模型很成功，但它还不是终极理论。到目前为止，夸克与轻子的质量还得靠实验确定，而没能从某些基本原理导出。同时，还有一些重要的东西未被包含进标准模型，比如引力，比如暗物质。天文学研究发现，暗物质构成了宇宙中所有物质的 5/6[④]。

2012 年 7 月 4 日，欧洲核子研究组织宣布，大型强子对撞机的 CMS 装置探测到质量为 125.3±0.6 吉瓦（GeV）的新玻色子，ATLAS 装置测量到质量为 126.5±0.6 GeV 的新玻色子。2013 年 3 月 14 日，欧洲核子研究组织正式宣布，先前探测到的新粒子被暂时确认为希格斯玻色子，其具有零自旋与偶宇

[①②③④] Steven Weinberg. The Crisis of Big Science. *The New York Review of Books*，2012，59（8）. http://www.nybooks.com/articles/2012/05/10/crisis-big-science/，该篇文章的中文译文参见微信公众号"赛先生"于 2016 年 9 月 5 日发布的文章，鲜于中之译。

称——这是希格斯玻色子的两个基本性质。

希格斯玻色子的发现很好地验证了现有理论。我们可以指望，就像Bevatron那样，大型强子对撞机（LHC）上最令人激动的发现将是某种出乎意料的东西。但无论如何，很难看出它将带我们一路走到包含引力的终极理论。所以，在今后物理学家还会去向政府寻求支持，以建造他们所需的更强大的新加速器。[①]

2. 中国的巨型对撞机争论

希格斯粒子被发现后，中国科学家于2012年9月提出建造下一代环形正负电子对撞机（CEPC），并适时改造为超级质子对撞机SPPC的方案，在国际上引起巨大反响。世界一些著名物理学家呼吁中国建造大对撞机，菲尔兹奖得主丘成桐大力支持，为此撰写《从万里长城到巨型对撞机》一书。但也有不少人反对这一耗资巨大的项目。该方案一期建设周长50～100千米、能量250GeV的环形正负电子对撞机作为希格斯粒子工厂，二期在同一隧道中建造50～100TeV的质子对撞机，能量将比欧洲核子中心正在运行的大型强子对撞机高7倍。

2015年2～3月，高能环形正负电子对撞机（CEPC）初步概念设计报告国际评审会在中国科学院高能物理研究所举行。国际评审给出的意见是：科学意义重大；加速器、探测器、土建和通用系统设计完整，方案选择合理；没有不可克服的技术困难。

2016年8月，在中国物理学会高能物理分会第九届常务委员会第四次（扩大）会议上，中国物理学会高能物理分会形成了"关于基于加速器的中国高能物理未来发展的意见"。其中指出，CEPC是我国未来高能加速器物理首选项目。我国高能物理学界应该以CEPC作为发展战略目标，积极争取成为中国发起的国际大科学之一。[②]

2016年9月，杨振宁、王贻芳围绕七个方面开展相应的争论，见表4.1。从具体内容来看，固然有粒子物理未来发展方向等学术问题上的分歧，但实际上双方都是高能物理的支持者。杨振宁指出："绝不反对高能物理继续发展，反对的是中国今天开始建造超大对撞机。"实际上，双方的主要分歧在于成本和具体的实用化收益上，是对于优先领域选择的一个典型的讨论。

①　Steven Weinberg. The Crisis of Big Science. *The New York Review of Books*，2012，59（8）. http://www.nybooks.com/articles/2012/05/10/crisis-big-science/.

②　深圳新闻网. 建不建对撞机成公众话题　香山会议能否决定CEPC命运（2016年10月25日）. http://www.sznews.com/tech/content/2016-10/25/content_14063223.htm.

表 4.1　中国巨型对撞机争论的主要观点

杨振宁观点	王贻芳观点
①建造超大对撞机美国有痛苦的经验。	①美国超导超级加速器失败的主要原因不是预算超支，而是政治因素。研究项目的半途下马使美国高能物理研究失去了未来发展的基础和机遇，失去了国际领导地位，至今没有翻身。在此之后欧洲建造了大型强子对撞机，获得了极大的成功。
②建造超大对撞机，费用奇大，对解决环保问题、教育问题这些燃眉问题不利。	②建造超大对撞机可以使中国在一个重大的、有引领作用的科学领域，相关技术领域领先国际达几十年，形成一个国际科学技术中心引进吸收国外智力资源，培养千名顶尖人才，因此也是燃眉之急，当务之急。
③建造超大对撞机必将大大挤压其他基础科学的经费，包括生命科学、凝聚态物理、天文物理等。	③我国基础研究经费还有巨大的增长空间，不存在挤压其他领域经费的情况。如果建造超大对撞机，90%以上的经费会花在国内，会推动国内企业大量相关科学家和工程师，这将大大推动我国科学仪器设备的发展。
④超对称粒子的存在是一个猜想，没有任何实验根据，希望用对撞机发现此猜想中的粒子是猜想加猜想。	④粒子物理目前的标准模型只是一个在低能情形下的有效理论，需要继续发展更深层次的理论，需要更多的实验证据指明未来的发展方向。
⑤70年来高能物理的成就对人类生活没有实在好处。	⑤70年来，高能物理有许多成绩，其发展出来的技术与人类生活息息相关。
⑥建造超大对撞机，其设计以及建成后的运转与分析，必将由90%的非中国人来主导。	⑥中国的科学家2012年在国际上独立地首次提出CEPC-SPPC的设想，随后开展的初步概念设计虽有国际参与，但主要是以我们为主完成。将来超大对撞机70%的工作将由中国人主导完成。
⑦不建超大对撞机，高能物理还可以沿着寻找新加速器原理、寻找美妙的几何结构等有价值的、耗费相对较低的研究方向进行探索。	⑦高能物理的前途用途在哪里，见仁见智。

随着科学的不断发展，科学所必需的支撑条件与社会能够提供给科学的物质资源之间的矛盾日益加剧。因此，如何选择科学发展中的优先领域，如何将有限的科研经费合理地分配到各个学科领域的研究中去，已成为各国科技管理和决策者面临的首要问题，也是科技政策和决策中的重要课题之一①。从广义来看，优先领域选择是指有关管理部门在对科学技术的未来发展进行系统研究的基础上，充分权衡科学发展趋势、国家发展目标，以及社会和科技资源的限制等因素，确立未来发展的主攻方向与重点领域，并予以重点支持，以期获得最大的回报②。在涉及国家学科布局、学科建设等宏观决策层面，经济社会等外部因素要比学科演进的内在逻辑影响大得多，甚至其影响往往是决定性的③。美国高能物理学界的两次争论给出了鲜明的例证。

3. 美国高能物理学界的两次争论与 SSC 的下马

粒子物理兴起之初，即从第二次世界大战结束到 20 世纪 50 年代末，主要任务是理解核力。由于以下几个原因，耗费巨资的高能加速器得到政府无保留的支持：①粒子物理作为核物理的延伸，既有原子弹在第二次世界大战中产生作用的历史背景，又有在苏美对峙的冷战语境中，被认为对于国家安全（应用价值）和国际威望（社会价值）至关重要；②大批在战时与军方合作密切的物理学家，战后进入了政府高层咨询的决策机构，成为高能物理在政府中强有力的代理人；③当时科技政策的主导思想，是以战时负责军事研发的万尼瓦尔·布什所提出的线性模型为基础，也就是基础科学的发展会自动地带来技术、工业、经济的繁荣和社会福利，而粒子物理则是一切基础科学的基础，应该得到政府无条件的支持④。

粒子物理的独尊地位，到 20 世纪 60 年代初就受到严重的挑战。1963年，时任橡树岭国家实验室主任 Alvin Weinberg⑤指出，基础科学必须对邻近学科有用或有相关性才值得支持。但高能物理对邻近学科（核物理）的贡献极

---

① 张维，李帅，熊熊. 科技优先领域的遴选方法及应用. 科学学研究，2006，（6）：906-910.

② 刘云. 基础研究的发展特征与优先资助领域选择. 科学学与科学技术管理，2002，（7）：23-26.

③ 龚旭. 学科政策与科学政策——基于科学基金的思考. 中国科学基金，2006，（3）：164-169.

④ 腾讯文化. 曹天予回应超大对撞机争论：需警惕作为利益集团的科学家（2016 年 9 月 28 日）. http://cul.qq.com/a/20160928/018416.htm.

⑤ Weinberg A M. Criteria for scientific choice II: The two cultures . *Minerva*，1964，3（1）：3-14.

为有限，远远不如分子生物学对其邻近学科（如医学）的贡献，而其对技术和福利的贡献也不高。当时的一些学者，如 Hans Bethe、Julian Schwinger 和 Victor Weisskopf 等人，为粒子物理辩护时所诉诸的，主要是"物理前沿""对自然的基本理解""发现自然规律""提供统一的世界图像"等理据。由于历史原因，这些理据对于科学家、政府官员和一般公众，具有不容低估的说服力。因此，当时的这些辩论，并没有影响粒子物理自身的发展[①]。

在 20 世纪 80 年代早期，美国开始计划建造超导超级对撞机（SSC），它可将质子加速到 20TeV，是欧洲核子研究中心（CERN）的大型强子对撞机最高能量的三倍。经过十年的工作，设计完成。地点选在了得克萨斯，开始建隧道，并制造操纵质子的磁铁。然而到了 1992 年，众议院取消了对 SSC 的资助。尽管参议院的一次委员会恢复了这笔款项，但 1993 年覆辙重蹈。而这一次，众议院不打算听取支持 SSC 的意见。于是，在已经耗费了 20 亿美元，以及相当于数千人一年的工作量之后，SSC 夭折了[②]。

按照温伯格（Steven Weinberg）的理解，扼杀 SSC 原因之一是其名不副实的过分开销。在当初的预算中，居然包括行政大楼走廊中盆栽植物的款项。同时，由于冷战结束，SSC 没有了立竿见影的实用价值。一般来说，刺激议员们的动机在于选民们的直接经济利益。大规模实验室为其周边地区带来了经济收益与就业机会，因而容易得到当地议员的热捧，但却遭到许多其他议员冷眼相对。在选址德克萨斯之前，有上百位参议员支持 SSC，然而一旦地址敲定，支持的人数竟跌至两人。此外，尽管所有领域的科学家们大体上都认为 SSC 会产生好的科学成果，但是其中一些科学家认为这些经费应该投入到其他领域中。

换句话说，美国的科技决策界，经过 30 年的犹豫，到了 20 世纪 90 年代初，特别是克林顿政府上台以后，终于痛下决心，放弃了基于线性模型的布什模式，启动了以刺激经济、产业和生产力为主要目标的新模式。新模式的第一个牺牲品就是 SSC。不过，只要注意一下美国政府对"人类基因库""信息高速公路""大脑研究创议"等项目的支持，就可以发现，新模式并没有放弃对基

---

① 腾讯文化. 曹天予回应超大对撞机争论：需警惕作为利益集团的科学家（2016 年 9 月 28 日）. http://cul.qq.com/a/20160928/018416.htm.

② Steven Weinberg. The Crisis of Big Science. *The New York Review of Books*，2012，59（8）. http://www.nybooks.com/articles/2012/05/10/crisis-big-science/.

础研究的支持，只是支持的必要前提是，研究必须为经济、社会目标服务①。粒子物理的危机在于它并没有满足这一必要前提。

4. 新的大科学转向②

2006 年 6 月 2 日，时任美国能源部长塞缪尔·博德曼（Samuel Bodman）访问美国布鲁克海文国家实验室（Brookhaven National Laborary，BNL），BNL将一个装有纳米颗粒的玻璃瓶赠予了博德曼。这是一个新礼物，代替了一直以来的加速器磁铁复制艺术品礼物。这个新礼物表明，BNL 的管理者已意识到，实验室的重点已从高能物理和核子物理的研究转向以新材料为基础的研究，重点转移在一定程度上是因为 BNL 曾一度搁置如今又重新启动的达 10 亿美元的建设项目——国家同步辐射光源二期工程（NSLS-II）。此外，这个礼物也标志着新型的大规模科学研究的开始，大规模材料科学加速器，而不是高能物理加速器，成为冷战后大多数基础研究实验室的主要项目。

新的大科学的特点是对资助机构赋予更大的责任，更倾向于实用性和产业的参与。这些特质反过来导致高度多样化和数量庞大的用户群体，将更有利于寻求资助。与旧的大科学相比，新的大科学更能促进小规模的研究和实验，促进国际和多学科的协作。

新的大科学的起源可回溯到 20 世纪六七十年代，科学界对新材料越来越大的兴趣导致美国国家实验室出现一批大型实验机器。在 20 世纪 60 年代早期，用于中子散射研究的反应器建在布鲁克海文国家实验室和橡树岭国家实验室里。60 年代末，首个光源设备已经完成，但其大多数操作借用了主要用于高能物理的实验设备。与此同时，国家实验室对材料科学研究的支持力度也在增加。到了 1980 年，美国能源部对基础能源科学的投资（投资于材料科学研究的建设和运营）已增长到了近 2 亿美元。虽然这个数额还是低于高能物理研究的 3 亿美元，但却多于同样使用大型仪器的核物理研究的 1 亿美元。

美国科学政策环境从 20 世纪 80 年代开始发生变化，并于 90 年代达到极致。特别是在这段时期里，对于国家实验室及其大型项目的资助理由也开始有

---

① 曹天予. 丘-杨分歧及其语境——对撞机的价值与利益集团的忽悠. http：//wen.org.cn/modules/article/view.article.php/c15/4259.

② Crease R P，Westfall C. The New Big Science. *Physics Today*，2016，69（5）：30-36.

了变化。旧的大科学的资助理由通常基于冷战需要，与国防力量建设相关，基础研究更多被视为一种未来的投资。而新的大科学兴起时代，日益强调政府与产业的伙伴关系和实际应用前景。这种优先顺序适用于冷战后经济社会发展的实用性需要。

然而，通往新的大科学之路并不是在旧的高能物理研究和新崛起的材料科学之间的竞争中形成的。具有讽刺意味的是，材料科学是通过继承旧的大科学传统，以建造超导超级对撞机而进入 21 世纪的。由于担心项目之间的竞争引起冲突，破坏对撞机的前景，美国能源部能源研究办公室主任阿尔文·特里维尔皮斯（Alvin Trivelpiece）于 1984～1985 年起草了一份与实验室分享利益的协议。

特里维尔皮斯的计划呼吁建立三个材料科学项目：劳伦斯伯克利国家实验室的先进光源项目、阿贡国家实验室先进光子源项目和橡树岭国家实验室的反应器项目，后者已演变成散裂中子源。另外，还支持了两个核物理项目：布鲁克海文国家实验室的相对论重离子对撞机和弗吉尼亚州纽波特纽斯的杰斐逊实验室。1993 年，超导超级对撞机项目取消，一直待在阴影中的一些材料科学项目终于占据了舞台中心。

旧的大科学的发展动力是高能物理项目规模的递增，包括仪器、合作规模，以及实验的持续时间等。国家同步辐射光源（National Synchrotron Light Source，NSLS）代表了新的大科学的崛起，而由于新的大科学时代的典型特征是材料科学项目占主导地位的，所以，NSLS 项目的仪器和合作规模并没有越来越大，相反，其研究生态系统越来越复杂：越来越多的研究领域（特别是在生物医学领域内）、更广泛的仪器设备、不同研究项目之间的更多联系、研究团队的更快转换等。

第二节　科学知识生产模式的变迁：从模式 1 到模式 2

从 20 世纪 80 年代以来，大量的文献研究指出，科学系统发生了巨大的变化，如战略目标导向的科学研究越来越多。虽然大量研究试图来解释、理解、推断这种趋势，但在学术界并没有取得完全的共识。在这些研究中，比较有代表性的是"模式2"知识生产方式的概念[①]，与此相关的理论见表4.2。迈克尔·吉本斯（Michael Gibbons）等认为，一些已经观察到并且被验证的变化，正在表现出与以往不同的新特征，这些特征出现在科学和学术活动的诸多领域，而且持续出现，可以被认为形成了知识生产的新趋向，这些趋向频繁发生，很难把它们视为偶然现象，并且从不同侧面表现出的各种趋向并不是孤立的，而是交织在一起，这些趋向及其特征表明了新的知识生产方式的形成[②]。

表 4.2 与模式 2 相近的理论

序号	类似概念	代表人物	理论提出年份
1	科学理论的社会化（finalisation science）	Bohme	1983
2	战略科学（strategic science）	Irvine	1984
3	后-常规科学（post-normal science）	Funtowicz	1993
4	创新系统（innovation system）	Freeman	1997
5	学术资本化（academic capitalism）	Slaughter	1997
6	后学院科学（post-academic science）	Ziman	2000
7	三螺旋（triple helix）	Etzkowitz	2000

资料来源：Hessels L K，Lente H. Re-thinking new knowledge production：A literature review and a research agenda. *Research Policy*，2008，（37）：740-760.

一、模式 1 与模式 2 的对比

"模式2"是由迈克尔·吉本斯等于1994年在《知识生产的新模式：当今社会科学与研究的动力学》一书中提出。吉本斯等认为，整个知识的生产系统正在经历着深刻的变化，预示着一种新的知识生产模式的来临。这个新的知识生产模式不是对现有学科的理论、概念和方法的简单借用，而是超越了原有学科的理论和范式。在认识论上，与传统的研究实践和方法（"模式1"）相比，

[①] Hessels L K，Lente H. Re-thinking new knowledge production：A literature review and a research agenda. *Research Policy*，2008，（37）：740-760.

[②] 迈克尔·吉本斯，卡米耶·利摩日，黑尔佳·诺沃提尼，等. 知识生产的新模式：当代社会科学与研究的动力学. 陈洪捷，沈文钦等，译. 北京：北京大学出版社，2011.

"模式2"是新颖的、动态的、折中的和与语境有关的。

模式1是指经典科学的牛顿模型。模式1中"科学"与"研究"同义，关注的是纯科学。获得知识的普遍方法论用来确定所有研究者的活动，在有组织的安排下进行工作，很多研究者与制度条件和学术规则的认知结构没有关系，他们受到的是默顿规范的约束，即默顿于1942年在《科学的规范结构》一文中提出的"默顿规范"或"科学的精神气质"（包括公有主义、普遍主义、非牟利性和有组织的怀疑主义），科学是"非常理性的"和"现代的"①。

与在学院科学语境中的、传统的知识生产方式模式1不同，模式2中知识是在更广的跨学科和社会经济语境中创造，最初发生在本地社会网络中；它是应用推动的知识生产机制，解决的问题是与成果的某些特定应用有关；问题解决的细节可以通过组织化的公开成为公共知识；只有通过人们将它们在不同语境中的应用得以传播；它的地方性和组织性都是暂时的，研究团体在聚集-解散-分散到其他地方等在不同状态下转换；模式2的科学项目可以在很多不同背景中进行，知识生产可以同时在大学、公共机构、研究中心和工业实验室由电子交流媒介所连接。这些就是模式2的特点：网络化、应用化、公开化、非组织化等②。

尽管两种知识生产模式有明显的差异，但是它们是相互作用的。科学知识生产者可以在这两种模式之间变换角色，而且模式2是从传统的以学科为框架的知识生产模式中生长出来，成为模式1的补充，而不是替代模式1。当前模式1依然存在，并且非常重要，模式2正是在这种结构中产生，并与这种结构共存。

模式2当前正处于其发展的早期阶段，值得注意的一个重要趋势是，主要与模式2相关联的一些实践活动正迫切要求传统科学机构发生根本性的变化，特别是大学和国家研究理事会等最能够体现传统知识生产方式的组织形式和机构③。

模式1和模式2的主要区别如下，见表4.3。

---

① Nowotny H，Scoty P，Gibbons M. Introduction "mode 2" revisited：The new production of knowledge. *Minerva*，2003，（41）：179-194

②③ 迈克尔·吉本斯，卡米耶·利摩日，黑尔佳·诺沃提尼，等. 知识生产的新模式：当代社会科学与研究的动力学. 陈洪捷，沈文钦等，译. 北京：北京大学出版社，2011.

表 4.3   模式 1 和模式 2 的主要区别

模式 1	模式 2
学术语境	应用语境
学科	超学科
同质	异质
自治	自反/社会责任
质量控制（同行评议）	新的质量控制（学术性，经济、社会意义）

模式 1 和模式 2 的主要区别具体表现在以下几方面。

1. 学术语境与应用语境

在传统的科学知识生产方式中，尽管涉及在工业实验室和国家实验室中进行的有应用目标的科学研究，但从总体上看，模式 1 要解决的问题主要由科学共同体提出并加以解决，研究问题的解决主要受科学共同体的学术追求和科研利益所支配。科学知识生产的主要驱动力在于知识进步的内在逻辑，源于研究者的知识追求。

在当代科学知识生产方式下，对"学术语境"的研究依然存在，并仍然发挥着重要作用。但与此同时，"应用语境"的研究不断兴起，这种研究往往是在应用背景中实施的，问题的选择和解决是围绕着特定的应用背景展开的，科学知识生产的目的不仅要生产知识，更要解决具有经济和社会目标的科学问题。换句话说，模式 2 更强调科学知识的多重效用，根据社会用途的需要决定知识生产，知识只有在各种行为者的喜好都考虑到时才能生产，这种知识对政府、工业和社会是有用的，要求有用性自始至终都发挥着重要的作用。因此，科学研究的"目标取向"要求科学家必须把解决当前社会存在的种种问题当作义不容辞的责任，科学不再是凭个人兴趣和业余爱好所从事的消遣了。在应用语境中，科学知识生产的情境化特征得以凸现。在模式 1 中，追求脱离具体情景的普遍知识是科学家的主要追求，相应地，所生产的科学知识也往往以客观、普适的形态被展现出来，那么在应用语境中，科学知识的生产往往与特定的应用情境联系在一起，把科学知识与这种应用语境剥离越来越困难，科学知识生产也越来越受到与特定情境相关的其他各种因素和利益关系的约束[①]。

---

① 李正风. 科学知识生产方式及其演变. 北京：清华大学出版社，2006.

2. 学科研究与跨学科研究

传统的科学知识生产依赖科学的学科资源来解决问题，所有的知识都是在特定学科的框架下生产出来的，这与科学共同体的分类方式，以及"专业母体"的"范式"密切相关。科学共同体是高度分层的，"共同体显然可以分许多级。全体自然科学家可成为一个共同体。低一级是各个主要科学专业群体，如物理学家、化学家、天文学家、动物学家等的共同体……用同样的方法还可以抽出一些重要的子群体：有机化学家或当中的蛋白质化学家、固态物理学家和高能物理学家、射电天文学家等等"[1]。这种分层最根本的基础是专业一致，即库恩称为的"专业母体"和范式，即"符号概括、模型和范例"。

随着"应用语境"的不断兴起，"跨学科研究"也日益普遍。这是"科学已经发展到一个无法依赖个体独立工作来解决突出问题的阶段"[2]，越来越多的复杂问题涉及的不是单一的学科范畴，而是需要多学科知识的相互作用才能有效解决。这也使得关注的焦点从学科转移到问题域，重视在跨学科背景下各种能力和知识的结合，对相关学科的整合不是由学科结构而是由应用语境下科学问题的确定决定的，根据问题的需要来调动既有的知识资源。

3. 科学知识生产过程中的互动

在传统的科学知识生产模式中，科学知识生产过程中虽然涉及不同的社会角色，但在具体的科学问题的确定和解决过程中，以及科学评价过程中，互动主要是在科学共同体内部进行，是在学科和专业内部展开的，知识生产中的互动具有高度的同质性。在互动的过程中，科学知识生产者遵循科学共同体的规范和共同的学术标准，采用共同的术语、符合、模型，对科学问题的定义、价值，以及解决问题的途径、方法和评价质量的指标有相对一致的意见。

在模式2中，科学知识生产过程中互动的异质性愈加广泛，并不断趋于制度化。在应用语境和超学科的背景下，知识生产过程的参与者不只是科学家，

---

① 托马斯·库恩. 必要的张力-科学的传统和变革论文选. 范岱年，纪树立等，译. 北京：北京大学出版社，2004.

② 约翰·齐曼. 真科学——它是什么，它指什么. 曾国屏，匡辉，张成岗，译. 上海：上海科技教育出版社，2008.

科学共同体之外的角色开始介入知识生产过程，如政府或企业等投资方的代表，或者作为公众的不同形式的代言人等共同参与到科学问题的确定和解决过程中。此外，在应用语境下的互动贯穿于科学知识生产的全过程中，并反复发生。不同参与者所代表的社会责任和利益，以及对所要生产的科学知识的特定要求始终以不同方式反映在整个知识的生产过程中，不仅表现在研究成果的解释和应用上，而且体现在定义研究问题和优先主题设置和对研究过程中路径的确定和结果的选择上。这也使得模式2的互动途径和网络有了明显拓宽，既有学术性的交流，也有广泛社会网络的沟通；既有正式的磋商和交流，也有非正式的协商和沟通。在科学知识生产异质化的互动过程中，具有情境化的特点，也使科学家获得科学共同体之外的社会声誉和信誉，使科学家的流动产生新的可能性。

4. 社会责任

模式1是在科学共同体内进行的"扩展被证实的知识"①，科学共同体为生产知识的有效性负责，这与科学共同体的自主性所形成自治密切有关。科学共同体内部所形成的精英结构，不仅对科学问题或领域进行选择，而且对科学内部的资源与信誉分配具有权威作用。

与模式1相比，模式2更强调一个对话过程，也有能力包容多种观点，这使得科学知识生产者更能明晰自己工作的可能产生的社会后果，因此对其赋予了更强的社会责任。这种责任渗透在从部门设定（团队形成）到研究结果发布的整个过程，并在多元化的科学知识生产者的互动中得到更好的体现。模式2要求所有参与者能够具备对社会和人类贡献的意识，这已远远超出科学技术自身的蕴意。

5. 质量控制

在传统的知识生产模式中，质量控制主要通过科学共同体内部的同行进行评议，新知识的证实要经过科学共同体的认可。无论是对科学研究结果的评价，还是资源分配，主要在学科内部以同行评议的形式进行，尊重同行特别是小同行的

---

① R K 默顿. 科学社会学. 鲁旭东，林聚任，译. 北京：商务印书馆，2003.

意见。评价虽然涉及社会贡献，但主要以推动科学进步的学术贡献为主，相应地，科学家往往需要把研究结果公开发表，并纳入公共交流的知识系统中。

当前，基于"学术使命"的学术评价依然存在，并发挥着重要作用，但强调社会贡献的绩效评价正越来越受到重视。在特殊的应用背景下，研究问题的意义确定和结果评价标准不仅仅由同行决定，而且由带有不同价值观和利益取向的多种参与者构成的科学—社会（政治）共同体共同决定，因此，质量控制不仅要考虑学术标准，而且要考虑其他社会、经济和政治标准。尽管质量控制的标准趋向多元化，这也并不意味着模式2的质量控制是在低标准的状态下进行。

二、模式2理论的意义

吉本斯等提出的模式2理论，为科技政策制定提供了重要的理论基础和依据。他定义的模式2是一种与实际应用紧密相关，取决于经济和社会领域中产生的问题，并非依赖于学科本身的新兴知识生产模式。该模式所强调的以任务为中心、打破学科间的界线、鼓励跨学科，与非同一研究机构的研究者合作的灵活研究形式，对宏观科学技术政策的制定起到了积极的导向作用，有利于促进学科的交叉和创新，其实践意义是深远的。

模式2理论填补了学院科学和应用科学分离的鸿沟。这种鸿沟源于大学里开展的学术科学和在工业实验室中开展的工业科学之间的间隙。这种间隙和两种社会体系的真实文化差别一致，使得它们很难共存，但是，各自的存在却总是被理解为是对方持续有效存在的关键。模式2的应用语境特征，使得科学适应了各种环境，为科学社会和认知动力学提供了发展背景，成为科学技术政策制定的基础。

模式2将科学政策和科学知识置于更广的当代社会语境中。模式2不仅关注知识本质改变、科学的社会学习，而且还要关注科学与经济发展和社会发展的关系。当前在全球化视野中，政府或商业部门的政策制定者，通过对知识生产方式的转变的理解更好地制定、选择政策。[1]正如 **McCray W. Patrick**[2]在分析

---

[1] 樊旻倩. 对 GLNSST 知识生产模式的探究. 南京工业大学学报（社会科学版），2008，（3）：21-25.

[2] McCray W P. Will small be beautiful? Making policies for our nanotech future. *History and Technology*, 2005，21（2）：177-203.

美国"国家纳米技术计划"（the National Nanotechnology Initiative，NNI）时所指出的，通过 2000 年开始实施的 NNI，美国纳米技术研究和开发投资快速增长到几乎每年 10 亿美元，这也使得 NNI 成为美国历史上科技政策立法的拐点。在应对不断增长的国际经济竞争和学院科学日益市场化的背景下，纳米技术不是通过科学突破来获得实际应用的线性故事，它的意义远超于此。从一开始，纳米技术的研究和推广就与乌托邦的愿景、产业利益、跨学科合作和国家目标交融在一起。

模式 2 正在改变理解科学的认识论。从近代科学产生之后，科学一直作为分科之学，将各种知识通过细化分类研究，形成逐渐完整的知识体系。这种认识过程正在发生改变，尽管这种变化刚刚发生。比如，芬兰从 2016 年 8 月开始实施的基础教育新课程尽管没有否定和废除传统科目的教学，但其中的一些变化值得注意。为了应对未来的挑战，芬兰新课程聚焦于横向（基本）能力和跨科目学习，强调综合性学习、跨学科学习、基于生活场景的学习，在跨学科的架构上研读"事件"和"现象"，并规定每个学生每年至少要参加一个交叉课程模块的学习。①

三、知识生产模式对科学发展的挑战

从实践来看，科学与社会经济的紧密程度仍在加强，民主政治的压力继续增大，科学素养继续提高，因此科学知识生产模式的转变继续加剧。尽管目前模式 1 和模式 2 两种知识生产方式共存，研究文化处于多样化的状态，但是这种趋势带来并引发出一系列需要进一步研究和解决的问题。

知识生产模式转变引发的问题主要表现在两个相互关联的层面。

1. 科研管理方面：如何判别什么是好的研究

由于应用语境中科学知识生产参与者的多样性，不同应用语境的特殊性，以及研究组织构成和运行方式的灵活性和相对不稳定性，决定了模式 2 的质量控制不仅要采用多样化的评价标准，而且在评价执行过程中，评价标准的确定

---

① Finnish National Board of Education. National Core Curriculum for Basic Education 2014. Porvoo: Porvoon Kirjakeskus，2016.

往往与特定情境下的应用问题密切相关，要受到具体社会情境的影响。这也引发了在不同的应用语境下的知识生产，"好的科学"往往没有统一标准，"如何判别什么是好的研究"成为今后基础研究发展必须面临的一个问题。具体表现为：①谁来判别：是同行专家还是利益相关者。②怎么判别：着重学术价值还是实践价值。③激励机制：促使"好的科学"的激励机制是承认优先权还是物质奖励。

2. 科研机构方面：大学的传统功能与新功能的协调问题

大学与政府、企业之间日益密切的合作关系，已经超出了一般意义上的"社会服务"，挑战了大学通过生产和传播公共知识实现社会服务的传统理念①。

关于大学的新功能，布兰斯科姆和儿玉文雄曾提出"大学研究作为经济增长的火车头：这一设想在多大程度上符合实际"的问题。他们认为，大学乃是用来解决摆在工业发达社会面前的几乎每一个问题的新技能、新知识和新思想的主要源泉，对它们在这方面扮演的角色，公众有着浓厚兴趣。实际上，人们对大学的科研成果对经济的贡献期望十分强烈和普遍，以致许多学者越来越担心，这种期望可能并不合乎现实。他们还对大学与企业的联系可能造成的对传统学术价值观念的扭曲感到担忧。强加在大学知识分子生活上的政治或商业要求远非罕见，其结果是，大学一直寻求与这些力量相隔绝。与此同时，占主导地位的实际情况是，世界上最出色的那些研究型大学是高度发达的社会中活力、理解力和技能的最重要的源泉。不仅作为一项公民权利，而且为了抓住机遇，获得承认，成为举足轻重的学府，大多数工业发达国家的大学都在积极地探索自己同商业界的关系应当是什么样子。②

大学的传统功能与新功能之间出现了不易解决的问题和矛盾，引起人们的担忧和思考。如美国学者德里克·博克指出，"大多数人担心的是，技术应用开发项目会模糊大学作为知识和学术探索中心的义务，因为它会使学术研究事业带上一个强有力的新动机——追求商业效益和经济效益"。而更深刻的问题

① 李正风. 科学知识生产方式及其演变. 北京：清华大学出版社，2006.

② Kodama F，Branscomb L M. Contrasting Two Systems of University-Industry Links//Branscomb L M Fumio Kodama，Richard Florida Industrializing Knowledge: University-Industry Linkage in Japan and the United State. Cambridge：MIT Press，1999.

是，大学和企业之间的新关系是否会让科学失去自由，使大学的理念和理想发生异化，"不仅仅是因为它可能会改变大学内学术研究的惯例，而且还因为它对学术研究的中心价值观念和理想构成了威胁"。[①]

从目前来看，随着科学社会功能的逐步展现，政府和产业对科学活动的支持成为一种趋势并日渐增强。在这种背景下，知识生产模式转变引发的问题可以进一步阐释为政府和产业如何支持科学，其核心问题是科学共同体应保持何种程度的自主性。也就是说，科学家对科学知识生产过程中学术自由内在价值观念的维护与政府对国家利益和公众利益、企业对创新的追求之间应该存在一种张力来保持两者之间的平衡。美国西北大学科技园的罗纳德·吉塞克在《科技园对地区经济的影响》[②]中谈到：

> 每次当政府丧失了一个主要产业，它就会寻找一个大学伙伴。如果没有三角科技园，北卡罗来纳能拥有今天这样高的生活水准吗？如果没有斯坦福科技园在加州南部集聚一批科技公司，能有硅谷吗？也许有，但是如果没有这些大学的研究推动开发的作用，这些地区的经济增长即使没有停滞，也会缓慢得多。

一些成功的案例（如斯坦福大学[③]），正在成为人们寻求问题解决方案的重要参照。从斯坦福大学这个成功案例可以发现，大学"经济功能"的发挥恰恰是以其卓越的教育功能和科研功能为依托的，向"企业型大学"的转变也不意味着大学的成员必须承认他们已不再置身于学术文化之中了。

专栏 4.1　斯坦福大学案例

斯坦福大学校长卡斯帕尔认为，硅谷之所以成为关于大学科技园的成功范例，答案并不在于斯坦福大学发现了什么秘诀，而在于斯坦福大学严格贯彻一所"研究密集型大学"具有的基本的、普遍的目标与特性，具体可概括为：①对建造研究与教学的"卓越性尖端"的承诺；②尽管有无数

---

① 德里克·博克. 走出象牙塔——现代大学的社会责任. 徐小洲等, 译. 杭州：浙江教育出版社, 2001.
② 王德禄. 区域创新：区域经济发展的不竭动力. 未来与发展, 1999, (5)：14-16.
③ 卡斯帕尔. 研究密集型大学的优越性//21世纪的大学：北京大学百年校庆召开的高等教育论坛论文集. 北京：北京大学出版社, 1999.

的诱惑存在，始终把教学与研究看作其主要任务；③拥有设置学术方向的自由；④寻求把与工业界的伙伴关系看作为研究过程的强化剂而非干扰；⑤保持边界上的多孔道交流，对研究机遇保持开放。

资料来源：卡斯帕尔. 研究密集型大学的优越性. 1999.

第三节　科学共同体的内涵

共同体（community）一词可溯源自亚里士多德的政治共同体，是为达到某些善之目的所形成的共同关系或团体①。然而，社会学对共同体的讨论并不是源自这一意涵，而是在 19 世纪由德国古典社会学家滕尼斯引入，意指以成员具有共同的某一个或多个特征而定义的群体。

一、科学共同体的概念及其特征

科学共同体（scientific community）这一概念是由英国物理化学家波朗依（Michael Polanyi）最早提出的。1942 年，波朗依在其《科学的自治》②一文中指出：

今天的科学家不能孤立地实践他的使命。他必须在各种体制的结构中占据一个确定的位置。…每一个人都属于专门化了的科学家的一个特定集团。科学家的这些不同的集团共同形成了科学共同体。这个共同体的意见，对于每一个科学家个人的研究过程产生很深刻的影响。大体说来，课题的选择和研究工作的实际进行完全是个别科学家

---

① 陈美萍. 共同体（Community）：一个社会学话语的演变. 南通大学学报（社会科学版），2009，（1）：118-123.
② 刘珺珺. 科学社会学. 上海：上海人民出版社，1990.

的责任；但是对于科学发现权利的承认，是在科学家整体所表现出来的科学意见的支配之下。这种科学意见主要是非正式地发挥它的力量，但也部分地使用有组织的渠道。

波朗依认为，由专业科学家组成的科学共同体虽然只是社会中的少数人，但他们是科学的权威，因为只有他们才实践科学发明的艺术，并发展科学的传统。

20世纪50年代，美国社会学家希尔斯指出，第二次世界大战以后，由于应用科学的发展、现代科学规模的扩大，如何保证科学自由就成为一个新的问题。"一个科学共同体的图景开始浮现出来——有自己的组织机构，有自己的规则，有自己的权威，这些权威通过自己的成就按照普遍承认与接受的标准而发生作用，并不需要强迫。"在科学活动中形成了这种自己维持自己、自己管理自己的社会、文化系统——科学共同体。[①]

在20世纪60年代，托马斯·库恩在探讨科学发展的规律时涉及科学共同体的概念，他认为，科学发展的常规时期就是在某一种范式支配下的某一种科学共同体的活动时期，此时，科学共同体的成员认识上一致，具有相同的范式。之后，库恩在《再论范式》一文中较为详细地讨论了科学共同体的定义和结构[②]：

> 科学共同体是由一些科学专业的实际工作者所组成。他们由他们所受教育和见习训练中的共同因素结合一起，他们自认为，也被人认为专门探索一些共同的目标，也包括培养自己的接班人。这种共同体具有这样一些特点：内部交流比较充分，专业方面的看法也比较一致。同一共同体成员很大程度上吸收同样的文献，引出类似的教训。不同的共同体总是注意不同的问题，所以超出群体界限进行专业交流就很困难，常常引起误会，勉强进行还会造成严重分歧。

科学共同体一般指两种情形：一是共同职业意义上的科学共同体；二是共同专业意义上的科学共同体。前者是广义上的，指整个科学界，显示了科学与社会文化环境的相互关系，体现了科学共同体的外在功能，对社会保持自己的

① 刘珺珺. 科学社会学. 上海：上海人民出版社，1990.
② 托马斯·库恩. 必要的张力——科学的传统和变革论文选. 范岱年，纪树立等，译. 北京：北京大学出版社，2004.

独立性和自主性，把科学共同体及其成员的目标和行为限制在科学内部。美国社会学家李克特对此作出了精辟的概括，他认为："我们所谓的科学共同体，是由世界上所有的科学家共同组成的，他们在他们自己之中维持着为促进科学过程而建立起来的特有关系。"[①]后者是狭义上的，指由科学家组成的各种专业集团，显示了科学界的内部结构。科学共同体要不断调整自己的社会关系和结构属性，激励科学家的创造才能，激发科学家的创造热情，促进科学活动的顺利展开，以保证实现自己的建制目标——扩充正确无误的知识。

总体讲，无论哪一种形式的科学共同体，都是科学家的群体联合。在这样的共同体中，科学家们为了追求真理，探索自然界的秘密，通过学术交流与协作形成各种社会构型，包括"无形学院"和制度化的组织形态，如专业学会等。尽管科学共同体具有多样化的社会构型，但一般来说，科学共同体具有以下共同特征[②]。

1. 自主性

自主性强调科学作为一个整体的存在。科学共同体的形成和发展塑造了独特价值观和行为规范，在这个过程中，科学共同体力图把科学的外部影响纳入到科学自身运动的固有逻辑之中，通过科学共同体特有的规范系统和奖励系统，维持科学的自主性或独立性。科学共同体的自主性，一般地讲，是由科学的内部传统来实现的，具体来说，是由某个学科的内部传统来实现的；这种传统在研究人员之间直接传递，在人们的记忆和传闻逸事中存活，在科学交流中显现出来。科学自主要求科学家个人或研究组织优先向科学同行提供科学信息及成果，科学共同体则以职业上的承认作为给予他们的报酬和奖励。在这个过程中，科学内部所形成的精英结构，不仅对科学问题或领域进行了选择，而且对科学内部的资源与信誉分配具有权威作用。

2. 开放性

与自主性所具有的排他性不同，开放性所强调的是包容和适应。开放性使

---

① 小摩里斯·李克特. 科学是一种文化过程. 顾昕，张小天，译. 北京：生活·读书·新知三联书店，1989.
② 李真真，杜鹏. 科学共同体科技评价专题研究报告//方衍，田德录. 中国特色科技评价体系建设研究. 北京：科学技术文献出版社，2012.

得科学共同体与其他社会群体或外部组织间构建起一种交换与互动的关系。在现代社会，它最直接地体现在科学对资金投入需求量的与日俱增和社会对科学日益增长的期望值，特别是大科学时代，科学在不断增强着对社会支持的依赖的同时，也为社会提供有用的信息和具有应用价值的结果作为回报来换取社会的支持。

开放性取决于科学共同体对于整个社会的适应能力与程度，并且直接影响了与外部组织的交换效率及效果。科学共同体与外部组织间的交流与互动，也推动了科学社会结构的演化。在系统水平上，演化是增进组织分化和复杂化的过程，它突出地表现为具有广泛适应能力的社会组织形式的出现，而这种广泛的适应能力来自它的相对独立性或自主性。

3. 层级性

科学共同体是高度分层的。科学共同体的层级性包含了多种主要含义及意义。库恩认为，科学共同体可以分为许多级，全体自然科学家可成为一个共同体；低一级的是各个科学的专业群体[①]。科学共同体的层级结构，最根本的基础是专业一致。库恩把这种基础称为"专业母体"，具有共同的"符号概括、模型和范例"。在专业内部，由于接受相似的教育，研究相同的问题，阅读共同的文献，因而易于交流，而不同专业的共同体之间的沟通却存在困难，在某种意义上甚至是不可交流的。

朱克曼则从权力的角度探讨了科学共同体的社会分层。她根据科学家的职位或声望特征进行归纳分类，进而描述了科学共同体的"正三角"层级结构，在这个结构中，处于顶端的、占少数的科学家群体，作为科学界的精英，在科学共同体内具有至高的权威地位[②]。

4. 多元一致性

多元一致在不同层面和不同形式的社会网络或社会组织中具有主导性[①]。

① 托马斯·库恩. 必要的张力——科学的传统和变革论文选. 范岱年，纪树立等，译. 北京：北京大学出版社，2004.
② 朱克曼. 科学界的精英. 周叶谦，冯世则，译. 北京：商务印书馆，1979.
① 盖伊·彼得斯，弗兰斯·K M 冯尼斯潘. 公共政策工具——对公共管理工具的评价. 顾建光，译. 北京：中国人民大学出版社，2007.

科学共同体作为一个组织形态也同样具有这样一种特性。在科学共同体中聚集了不同身份或角色的行动者，他们身处不同的地域；受雇于不同的机构；他们所拥的权力很不相同；他们对于外部环境的开放程度也可能是不一样的。所以，尽管他们具有"专业一致"的共同基础，但是，不同行为者对于各种信号的敏感程度或适应性存在着很大的差异性，因此造成共同体内部对于指导性信号的反应是多元的，这一现象，可能会削弱共同体内部的一致性，但是，也可能会使外部信号得到转译，形成新的一致性。

二、默顿科学规范

科学是一种知识的生产模式，其社会规范与认识规范不可分割。科学家认为，无法把科学家视为"真理"的东西与他们共同追求"真理"的工作方式分开。这种科学的哲学，是科学文化不可缺少的一部分。[①]

科学家们的日常工作是从事学院科学（academic science）这种社会活动。学院科学是一种文化。它是一种复杂的生活方式，是在一群具有共同传统的人群中产生出来的，并被群体成员不断传承和强化。学院科学是高度分层的。托马斯·库恩认为，科学共同体的层级结构，最根本的基础是专业一致[②]。科学家在相同的研究领域具有共同的学术语言，但在不同领域之间的交流却受到严重的制约。

从科学的建制目标看，科学的制度性目标是扩展被证实了的知识。为了实现建制目标，1942年，默顿提出了普遍主义、公有主义、无私利性和有条理的怀疑主义四个方面制度上必需的规范；在1957年《科学发现的优先权》中，默顿进一步提出了独创性规范[①]。齐曼对学院科学时代的默顿规范做了充分的肯定。虽然他认为默顿科学规范（这五条规范简称为CUDOS）"只能坚定理想并不描述现实"，对于个人和共同体，这些规范都很难做到，但是，"原

---

① 约翰·齐曼. 真科学——它是什么，它指什么. 曾国屏，匡辉，张成岗，译. 上海：上海科技教育出版社，2008.

② 托马斯·库恩. 必要的张力——科学的传统和变革论文选. 范岱年，纪树立，罗慧生，等译. 北京：北京大学出版社，2004.

① R K 默顿. 科学社会学——理论与经验研究（上、下册）. 鲁旭东，林聚任，译. 北京：商务印书馆，2010.

则上，它们给科学共同体每个成员提供了稳定的社会环境"[1]。只要每个人都遵守这些规则，那么在相当程度上可以预知他们对事件和彼此行为的反应。不同独立个体的共同体因此能够自发地自组织成一个高度组织化的建制。科学共同体由于存在默顿科学规范这样一组社会规范（或道德规范），而明显区别于其他类型的共同体，因此，在某种意义上说，科学共同体是一种精神共同体。

1. 普遍主义[2]

普遍主义规范有两方面含义，其一，关于真理的断言，无论其来源如何，都必须服务于先定的非个人性的标准：即要与观察和以前被证实的知识相一致。其二，科学职业对所有有才能的人开放。除了缺乏能力外，以任何其他理由限制人们从事科学都不利于知识的进步。在默顿看来，正是由于科学的普遍主义规范深深地根植于科学的非个人性特征之中，而且这种普遍主义以科学所研究的自然对象及其规律的客观性为支撑，所以科学排斥任何把特殊的有效性标准加于其上的做法。因此，默顿的普遍主义规范既包含着民主的愿望，也包含着科学自治的理想。

2. 公有主义

科学上的重大发现都是社会协作的产物，因此它们属于社会所有，它们构成了共同的遗产，发现者个人支配这类遗产的权利是极其有限的。在默顿看来，"科学是公共领域的一部分"这种制度性概念，是与"科学发现应该交流"这一规则联系在一起的，事实也是如此，在自然状态下，公开化的程度往往决定着科学交流的充分程度，从科学家之间交互消费知识并在此基础上进行科学知识再生产的意义来讲，充分的科学交流不仅意味着科学知识的高效利用，而且意味着科学知识的高效再生产。

3. 无私利性

没有令人满意的证据证明科学家是从那些具有不寻常的、完美道德的人中

---

[1]　约翰·齐曼. 真科学——它是什么，它指什么. 曾国屏，匡辉，张成岗，译. 上海：上海科技教育出版社，2008.

[2]　以下五条规范均引自：R K 默顿. 科学社会学——理论与经验研究（下册）. 鲁旭东，林聚任，译. 北京：商务印书馆，2010.

招募的，但作为一种制度性的要求，无私利性却可以抑制科学家的欺骗或违规行为，因为一旦制度要求无私利性的行为，遵从这些规范是符合科学家的利益的，违者将受到惩罚，而当这个规范被内化之后，违者就要承受心理冲突的煎熬。而科学成果的公开化和可检验性，以及科学共同体中科学家的相互监督为这种无私利性制度的安排提供了基础。

4. 有条理的怀疑主义

默顿认为，有条理的怀疑主义与科学的精神特质的其他要素都有着不同的关联，它既是方法论的要求，也是制度性的要求。从方法论的角度看，由怀疑而发现问题，被当代科学哲学家视为科学研究的重要起点，也是高效生产科学知识的"技术性要求"；从制度性的规范角度看，这种有组织的怀疑意味着对科学家同行工作的批评，是对科学共同体自治的内在要求，这种怀疑体现在对科学知识成果的怀疑和科学家之间的相互监督两个方面。

5. 独创性

默顿对科学发现优先权问题的分析，使其意识到在职业化的科学知识生产活动中，科学家同样有个人的利益追求，同样需要激励，而因为具有独创性的研究取得科学发现的优先权，是获得这种激励的必要条件。"正是在这个特定意义上，可以说，独创性是现代科学的一个主要的制度化目标，有时可以说是至高无上的目标。科学的奖励系统进一步在科学制度上加强了对独创性的强调并使之永久化了。"

三、科学共同体的管理机制

从历史上看，科学共同体的出现是科学发展的必然结果，也是科学体制化的一个标志。在科学共同体中，科学行为由已确立、易于公认并且相对稳定的目标、价值和规律来调控，科学家们彼此分享着许多共同的价值、传统和目标，有着高水平的专业技能并相互依赖，能够为了追求真理和人类利益而相互信任地一起工作。

1. 科学研究活动的特征

作为一种社会建制的科研活动，区别于普通生产活动的几个本质特征如下所示。

第一，科研产品或成果具有首创性。任何一个科研成果只有抢占先机，首次发表或推出才能被社会承认，其价值才有可能实现。

第二，科学家的投入和行动具有不可观察性。科研活动主要是一种脑力劳动，思考的过程是无法被直接观察的，投入的精力、知识等要素也是不可计量的。

第三，科研产出具有很强的不确定性。创新结果既取决于个人禀赋和努力程度，也取决于科研投入状况，同时在很大程度上还取决于运气，受到很多随机因素的影响。此外，除了学术水平之外，论文评审、刊物风格、版面限制等因素使得论文发表也具有很大的不确定性。

第四，科研成果具有不可描述性或不可验证性[①]，其社会价值很难准确估计。大部分科学知识生产的特征和价值是无法用现有的法律规定的条文来描述，也无法找到现成的技术标准进行评价，因而无法由公众或权威的仲裁机构来认定。尽管学术同行可以对其加以评价，在一定程度上达成共识，但评价具有一定的模糊性，是不可计量的，评价结论也可能会因评审专家的不同而不同。与此同时，知识作为一种公共物品具有很强的溢出效应，使得科研成果的社会价值很难被准确地估计出来，也无法通过市场机制来确定。

科研活动的上述特征决定了科研活动不能像企业生产过程那样进行有效的监督和管理。从委托代理理论的视角来看，如果试图以科研成果作为契约变量，这种管理过程只能视为不完全契约，将导致帕累托无效的投资。因此，要想多出高质量的科研成果，外部的直接管理很难达到理想效果。

2. 现代科学的组织和控制

科学社会学的研究表明，知识是通过一些特殊的方法得以生产和辩护的，这些方法则是通过长期的训练、计划而习得，并被应用于称之为研究实验室和

---

① 陈志俊，张昕竹. 科研资助的激励机制研究——分析框架与文献综述. 经济学（季刊），2004，（1）：1-26.

大学这样的特殊场合，是有组织的集体工作的产物。就科学这一较为特殊的组织和控制类型而言，现代科学承诺创新和创造新知识。与其他工作组织和知识生产系统相比较而言，它们制度化了一种在其中占支配地位的价值，即创造出超越和扩展以前工作的新知识。这就意味着，研究成果具有本质的差异和不确定性，总体来说，该生产系统中的任务不确定性程度比其他大多数工作组织中的要高，进而导致研究组织和研究控制的一种特殊结构——声誉系统[①]。

科学工作的高度不确定性使它明显区别于其他领域，其控制由身处研究现场的实际操作者来实施，而非受控于外部权力所建立的规则和管理体系，类似于斯汀康比的行会式工作管理体系。斯汀康比将工作管理划分为科层体系和行会体系两种形式[②]。两者最大的区别在于计划性和权威。科层体系的工作由行政管理人员预先详细计划，而行会体系是将任务于何时、何地及如何执行等问题，交与全体工作人员的当前技能及行业联合会认定的情况来决定。关于权威，科层体系的权威原则上是单一的，工作目标和工作规程都由职业组织中某一个专一的等级体系所控制，而行会体系的权威则一分为二，即分为雇主的权威与认证机构的权威，雇主控制的是为什么开展工作，以及产品的处置，却要与生产者和认证机构一起分享需要何种技能，以及怎样运用和协调这些技能方面的权威[③]。与科层体系相比，对行会体系中的工作人员来说，组织外的社会地位系统具有很大的影响，也就是在该行业永久性的劳动力市场（声誉）中的地位比当前所处的职业组织中的地位更重要。

尽管许多科学知识理所当然是为了雇主、技术人员和受过教育的公众的消费和运用而创造的，但受到最高评价的知识，还是那些为正处于创新过程中的同事们自己消费和应用的知识，通过交流和出版系统加以评价和承认。换句话说，科学家为同行生产知识，并依赖于同行生产的知识进行知识再生产，依赖于处于优势地位的研究群体以获取资源，使用被认可的研究程序和手段，研究被同行所重视的问题，而且必须说服同行使用其成果。这种交流和出版系统通

① 理查德·惠特利. 科学的智力组织和社会组织. 2版. 赵万里，陈玉林，薛晓斌，译. 北京：北京大学出版社，2011.

② Stinchcombe A. Bureaucratic and craft administration of production. *Administrative Science Quarterly*，1959，（4）：168-187.

③ Eccles R G. Bureaucratic vs.craft administration: the relationships of market structure to the construction. *Administrative Science Quarterly*，1981，（26）：449-469.

过高度分散化而不是职业等级化的形式实施，在控制了知识生产质量的同时形成了科学家个体的职业声誉系统。

声誉系统是对科学进行组织和管理的核心，但由于政府大规模的投入，使得科学的组织和管理也要符合行政管理逻辑的要求，因此科学的管理往往是科层控制和职业的社会化相结合的产物。从实践来看，研究岗位往往是根据行政等级体系的要求而设置，评聘更多依赖于科学家的职业声誉。在具体的工作中，科学工作由地位较高的科学家来指导，而且尽管工作并未由行政管理人员加以规划，但通常也得到相当严格、明确而谨慎的限制，比如对资金使用、绩效管理的要求等。

3. 声誉管理的内涵

20世纪50年代，默顿通过对科学发现优先权之争的分析，发现"承认"是科学家财产的存在形式，由此揭示了科学知识生产过程中的奖励机制。科学发现优先权之争实质上是科学家为获得科学共同体对其首创性承认的维权行为，是被同行承认的确认过程。在默顿看来，优先权之争是科学建制的目标和科学规范相互作用的结果。科学建制的目标是增加知识，这样就把科学发现的独创性推到了独一无二的地位，而科学的规范要求科学家为了科学——也就是为了贡献出有独创性的知识——而做研究，要科学家公开他的发现，接受科学共同体成员有条理的怀疑，当然在怀疑、考究的过程中要遵循普遍性的原则。这样，做出独创性发现的科学家把知识贡献给了整个科学界，他自己不占有其研究成果，他唯一"科学财产"是获得科学同行的承认。承认是对科学家"角色履行"的认可，是科学家继续承担科学家角色的保证，因而是科学这种社会建制运转的"能源"[1]。据此，默顿给予优先权之争以如下社会学的解释[2]：

> 对一个人所取得的成就的承认是一种原动力，这种原动力在很大程度上源于制度上的强调。对独创性的承认成了得到社会确认的证明，它证明一个人已经成功地实现了对一个科学家最严格的角色要求。科学家的个人形象在相当程度上取决于他那个领域的科学家同仁

---

[1] 顾昕. 科学的社会结构与社会运行机制——关于科学奖励系统. 自然辩证法研究，1988，4（4）：17-28.
[2] R K默顿. 科学社会学——理论与经验研究（下册）. 鲁旭东，林聚任，译. 北京：商务印书馆，2010.

对他的评价，即他在什么程度上履行了这个高标准的极为重要的角色，正如达尔文曾经指出的那样："我对自然科学的热爱……因有心要得到自然科学家同行的尊敬而大大加强了。"

因此，对成人的兴趣虽然很容易成为，但不一定就是一种对自我抬高的渴望或自我中心主义的表现，毋宁说，从心理学角度上讲，这种兴趣就是这样一种动机，它是与制度层次上对独创性的强调相对应的。每个科学家并不一定一开始就有成名的欲望，科学只要坚持并经常从功能方面强调独创性，并且把大部分奖励授予有独创性的成果，就足可以使对优先权的承认变得至高无上。这样承认和名气就成为一个人工作出色的象征和奖励。

作为科研能力和科学贡献大小的标识，"承认"的积累不仅意味着科学家获得了"名誉性奖励"，更重要的是使科学家可以在科学知识生产的职业体系中获得合适的位置，以一定方式纳入到社会分配体系之中，并获得社会的"物质性"回报[①]。

随着现代工业社会的形成与成熟发展，科学作为一种独特的智力活动，其组织方式逐步与外部环境的变迁相适应，出现了科学与经济、社会在结构和运行诸方面相互示范、相互调适、渐趋对应的趋势。众多的学者采用经济理性和市场模型来分析科学运行机制，其中比较典型的是拉图尔的实验室研究。

拉图尔等的研究发现，实验室中，科学家们最常使用的概念中有"投资"和"回报"，并经常把他们的努力与所谓的市场波动联系起来。实验室科学家经常用"信用"（credit）或"可信用性"（credibility）的概念表示科学知识生产的总体模式，而不是默顿学派所偏爱的"承认"或"奖励"。受经济学模型的影响，拉图尔由此认为，科学家从事科学活动的动机是得到信用而不是奖励。"信用"一词不仅包含了"奖励"的含义，而且还与信念、权力和商业活动有关，表示基于他人信任基础上的个人影响力、商业活动中的预期偿付能力，以及正直诚实的声誉。类比市场经济的发展过程，拉图尔提出了"信用度循环"的观点，他认为"把科学家得到奖励看作是科学活动的最终目的是错误

---

① 李正风. 科学知识生产的动力：对默顿科学奖励理论的批判性考察. 哲学研究，2007，（12）：90-95.

的。事实上，获得的奖励仅仅是信用度投资大循环中的一个小部分。这一循环的基本特点是获得使再投资得以进行而获得更大的信用度。因而，没有任何科学投资的终极目标，而只有持续不断的资源积累。正是在这个意义上，我们把科学家的信用度，比作资本投资的循环。"[1]

从承认到信用的声誉管理的变化，固然可以看作对科学建制理解的深入，更重要的是反映了科学发展摆脱了独立于社会的科学家个人或科学共同体的行为模式，而被纳入到科层组织内的现象。一方面表明，科学活动中，由于实验观察手段的大型化，知识生产的成本不断提高，对于资源的需求越来越迫切；另一方面表明，科学研究本身也在发生变化。但无论如何，"信用"的核心在于科学共同体的评价，其核心来源不仅表现在基于对科学发现的承认，还在于正式或非正式交流中表现出的专业理解和把握能力，即同行的口碑。[2]

第四节　如何理解科学共同体的重构问题：从精神共同体到职业共同体

由于科学技术向社会广泛而深入的渗透，科学技术子系统已经成为影响社会各个领域的独立要素。从系统外部来看，科学与政治和社会的关系已经发生了改变，国家和企业作为重要力量介入到学术研究，进而影响到系统内部，使得知识生产模式发生着相应的变化，也导致了传统意义上的科学共同体正在分化和重组，这已经成为相关研究人员的共识。例如，有研究指出，在这个分化和重组的过程中，传统的、拥有共同目标、互惠互利的科学共同体已经不能反映人类学术活动的全部特点，除这种形式仍然在有限的范围内存在外，还产生

① Bruno L, Steve W. Laboratory Life: The Construction of Scientific Facts. Princeton: Princeton University Press, 1986.
② 杜鹏, 李凤. 是自上而下的管理还是科学共同体的自治——对我国科技评价问题的重新审视. 科学学研究, 2016, (5): 641-646, 667.

了科学-政治、科学-经济、科学-政治-经济等多种共同体存在形式①。但是，毋庸置疑的是，科学共同体的变化乃至重构正在进行。如何理解科学共同体重构，特别是厘清重构背后的逻辑和方向，还是尚待解决的重要问题，需要在一个更宽泛的内涵上进一步讨论。

一、"共同体"社会学话语的内涵演变

共同体是"以成员具有共同的某一个或多个特征而定义的群体"，这个群体"要么是某个因利益而组织起来的群体，要么仅是一个共享某种独有的特质、居住地点或实践活动的人类集体"②。因此，该群体的成员具备一些共同性，对于共同体成员内部关系，以及共同体的内部结构没有太多的关注，自然使得"共同体"可被运用的外延范围变得十分宽泛。

任何人类群体都具备一定的共同性，即便是那些暂时的和偶发的群体聚集也是如此。因此，社会学家更愿意在一种较严格的意义上使用"共同体"概念，将之理解为"某一人群的共同生活"。"共同的生活"不仅必然蕴含着诸多的共同性，而且意味着这些共同性并非通过对个体之间的各项特征进行横向比较而抽象出来的，而是在长期的社会真实互动中逐渐产生的。这样一来，"共同体"概念就不再静态的指基于某种标准或性质而被圈定的一群人，而是指生活在一起的人们的交往过程，以及在此过程中形成的共同文明成果③。

1. 从共同体到社区

现代意义上的共同体概念是在传统社会向工业社会的演进过程中产生的。传统社会的存在基础主要是共同的价值观、信仰、理解和经验的分享，而现代社会则建立在个体间及群体间的差异、交易及功利地相互依赖的基础上①。伴随着西方现代化的进展，传统社会中的那种休戚与共、相互依恋的社群性亲密

① 曾国屏，李正风，杜祖贻. 当代科学共同体的分化与学术国际化问题的思考. 自然辩证法通讯，2002，（6）：32-37，43.

② Hollinger D. From identity to solodarity. Daedalus，2006，135（4）：23-31.

③ 孔凡建. 共同体语义演化史考辨. 甘肃理论学刊，2014，（3）：88-92.

① Cotterrell R. Law's Community: Legal Theory in Sociological Perspective. New York：Cladendon Oxford Press，1995.

关系遭到裂解，在规模更大的工业社会中，人与人互动的主要方式是非人格化的，人们的生活越来越依靠他们从未见过和不曾认识的人，彼此的互动被市场力量或法律制度所支配。

出于对田园般社会形态的憧憬，滕尼斯于 1887 年发表了《共同体与社会》[①]一书，给出了"共同体"与"社会"的经典界定。滕尼斯认为，共同体主要是基于自然意志（natural will），如情感、习惯、记忆等，以及血缘、地缘和心灵而形成的社会组织，包括家庭、邻里、乡镇或村落。这种社会组织属于一种有机的整体。人们在整体中扮演着不同的角色，是社会成员的身份，彼此之间有着亲密的互动，相互依存，并且寻求彼此之间的归属感及深入的了解。

在滕尼斯看来，社会则是基于理性意志（rational will），经过深思熟虑、抉择等形成符合主观利益的社会关系，如各种利益团体，以及各种规模不等的城市或国家。在社会中，基于独立性质的个人根据主观判断而采取行动，他们的关系是疏离的，可是又不得不彼此联合，以争取自己的权益。人与人之间的关系主要是与利益相结合，必须靠契约来维持。这种人际关系是契约性、非人格化、专门化的，强调隐私和个人[②]。

与滕尼斯不同，涂尔干不把共同体视为一种社会结构或实体，而看作是人们互动中的一些特性。涂尔干认为社会生活有两个来源，一是个人意识的相似性，二是社会劳动分工。由相似性个人意识组成的集体意识是机械团结的精神基础，社会分工则是有机团结的物质基础。由此形成了两种不同的人类社会结合方式，即"机械团结"和"有机团结"。"机械团结"的社会是基于所有群体成员的共同感情和共同信仰而组成，强烈的集体意识将同质性的个体结合在一起，而"有机团结"的社会是基于功能上的耦合而连接起来，个体通过自己的专业和别人发生关系。在"有机团结"的现代社会，原来的传统共同体的集体意识或者群体性价值、规范、习惯、情感会以分化的形式继续存在于不同层次，这就意味着共同体不仅存在于传统农业社会，而且在现代城市中也广泛存在[①]。

---

① 斐迪南·滕尼斯. 共同体与社会. 林荣远，译. 北京：商务印书馆，1999.
② 陈美萍. 共同体（Community）：一个社会学话语的演变. 南通大学学报（社会科学版），2009，（1）：118-123.
① 埃米尔·涂尔干. 社会分工论. 北京：生活·读书·新知三联书店，2017.

20 世纪初，社会学由欧洲传到美国。没有欧洲大陆深厚的文化传统，加上城市中各地移民、不同的种族及语言文化背景，使得欧洲的共同体研究，在美国社会学逐渐演变成城市社会学中的社区（community）研究。社区研究在美国的兴起和芝加哥学派有分不开的关系。在芝加哥学派的城市社区研究中，社区有着两种不同的意义，一方面是文化生态学中，在一定地域范围内被组织起来的生物群体，彼此生活在一个共生性的、相互依存的关系中，并对这一地域范围内的资源展开竞争；另一方面，则主要是指城市移民或贫民的社会实体，可以让社区的产生成为一个解决城市移民自身问题的方法①。

从滕尼斯、涂尔干，到芝加哥社会学派，法、德、美的第一代社会学者，都很清楚地意识到一种新的生活方式正在形成，是倾向个人主义与利益的结合，人与人之间的关系不再是同甘共苦的传统群体。滕尼斯呼唤重建家庭生活，恢复类似共同体的生活。涂尔干没有滕尼斯对传统社会的深切的乡愁，反而认为在现代工业社会，可以透过职业团体的伦理，以及社会分工所产生的依赖关系加以整合。这样的工业社会使得个人获得更大的自主性，同时也依附在一定的社会秩序上。到了芝加哥学派的城市社会学，工业社会在城市化的过程出现，传统的共同体已经不可能再出现，城市成为社会的另一种形式，具有地域空间意义的社区研究也代替了共同体研究②。

2. 从社会网络到社群主义

自 20 世纪 30 年代以后，"共同体在城市生活已经不具意义"③成为美国城市社会研究的主流观点。直到 70 年代，在费希尔个人社区理论及社会次文化论点等理论的影响下，社区重新被界定为一种社会网络，而不再是一种地域范畴中的社会群体。

在剧烈的社会变迁中，一个高度分化及技术化的社会结构要如何保持社会秩序及成员们的整合，应该是社区研究的核心问题。费希尔认为，尽管社区的地理结构可以显示出一个系统的变迁，但社区的"地域"（place）不是社会系统的决定性因素。因此，他认为社区应以亲密的社会关系的性质来定义，而不

---

① ②　陈美萍. 共同体（Community）：一个社会学话语的演变. 南通大学学报（社会科学版），2009，（1）：118-123.

③　Louis W. Urbanism as a way of life. *The American Journal of Sociology*，1938，44（1）：1-24.

是以地理范围来界定①。这种对个人有支持性的亲密关系是个人的私下关系，这些关系所形成的网络是一种社会关系结构，提供人们日常生活的社会资源与支持，更具有实质社区功能的意涵，故又称之为个人社区。多元的社会网络更能支持次文化的发展，社区也因此是多元性的②。在个人社区及社会网络成为另一种社区互动论后，美国社会家以各种实证的方法去测量邻里之间的"联系度"，邻里群体是否还互相支持，这使得社区的概念，逐渐演变为一种对社会网络的分析，后来更指涉为公民社会理论中的"社会资本"理论。到了90年代，社区研究甚至关注到现代社会中一个公民对参与社区生活的积极性问题。这不只是超出了滕尼斯的社会联系类型论，也超越出城市社会学对社区一般社会功能（如情感支持或守望相助）的分析，把社区视为参与式民主精神的基础场域③。

在20世纪90年代，也就是滕尼斯发表《共同体与社会》刚过100周年，社会学界对共同体研究开始了新一轮的关注，尽管其源于政治哲学领域新自由主义（neoliberalism）与社群主义（communitarianism）的辩论，而不在于社会学本身。需要注意的是，社群主义communitarianism的英语词根是community，此时并不译作共同体、社区，而是社群。社群主义的内涵在《负责任的社群主义政纲：权利和责任》（*The Responsive Communitarianism Platform: Rights and Responsibilities*）宣言中得到鲜明的体现④：

美国的男人、女人和孩子是许多个社群的成员——家庭、邻里、无数的社会性、宗教性、种族性、职业性社团的成员，美国这个政治体本身也是一个社群。离开相互依赖和交叠的各种社群，无论是人类的存在还是个人的自由都不可能维持很久。除非其成员为了共同的目标而贡献其才能、兴趣和资源，否则所有社群都不能持久。排他性地

---

① Fischer C S. The study of urban community and personality. *Annual Review of Sociology*，1975，1（1）：67-89.

② Fischer C S. Toward a Subcultural Theory of Urbanism. *The American Journal of Sociology*，1975，80（6）：1319-1341.

③ 陈美萍. 共同体（Community）：一个社会学话语的演变. 南通大学学报（社会科学版），2009，（1）：118-123.

④ Etzioni A. The Responsive Communitarianism Platform：Rights and Responsibilities// Etzioni A. The essential communitarian reader. Lanham，MD：Rowan & Littlefield，1998.

追求个人利益必然损害我们所赖以存在的社会环境，破坏我们共同的民主自治实验。因为这些原因，我们认为没有一种社群主义的世界观，个人权利就不能长久得以保存。社群主义既承认个人的尊严，又承认人类存在的社会性。

社群主义是在批判以《正义论》的作者约翰·罗尔斯为代表的新自由主义的过程中发展起来的。与强调个人自由权利的新自由主义不同，社群主义强调普遍的善和公共的利益，认为个人的自由选择能力，以及建立在此基础上的各种个人权利都离不开个人所在的社群。个人权利既不能离开群体自发地实现，也不会自动导致公共利益的实现。反之，只有公共利益的实现才能使个人利益得到最充分地实现，所以，只有公共利益，而非个人利益，才是人类最高的价值①。在这里，community 又成为一个有道德及目的性价值的载体，似乎又回到了 100 年前的滕尼斯的共同体概念。只是在这种轮回中多了一些政治学的涵义，而少了一些社会学的关怀。

二、当代科学规范的变革与精神共同体的解构

"共同体"社会学话语内涵的历史演变过程，既是理解经济社会变迁中共同体的社会功能，也是考察共同体内部结构的社会关系和集体的权利，这也反映出共同体概念的宽泛性。无论如何，当代意义共同体的形成必须经过一个逐步建构的过程，有其具体的背景和语境。

1. 作为精神共同体的科学共同体

就科学共同体而言，其概念及相关内涵的提出始于 20 世纪 40 年代。当时，面对法西斯对科学与民主的威胁，知识界的各阶层、各学科、各学派，结成了广泛的反法西斯联盟，对默顿为维护科学的自主性和独立性而提出的"科学的规范结构"和"科学的精神特质"，形成了广泛的共识。正如在科学共同体的特征、默顿科学规范，以及科学共同体的管理机制等相关分析中所展现的，科学共同体在提出之初是一个典型的超越血缘关系和地域关系的精神共同体。

---

① 俞可平. 社群主义. 3 版. 北京：东方出版社，2015.

科学家自己认为，他们属于一个共同体，这标志着他们彼此视对方是可以分享价值、传统和目标的人。科学共同体用来指"那些赞同理性和客观性的某种普遍原理的所有人，他们有很高的专业技能和信赖感，能够为了追求真理和人类利益而相互信任地一起工作"。尽管没有书面法规，没有法定身份，没有首席执行官，没有共同计划，科学行为"受到也已确立、容易识别并相对稳定的规范、价值和规律的管理"①。

不论是默顿本人还是其支持者都倾向于把科学的规范结构看作是具有普遍适用性的约束制度。特别是当默顿试图把这种规范结构上升为科学的精神特质，试图把这种制度性的要求与道德和文化联系起来，并和科学的奖励系统形成了理论的自洽，这种普适性的理想得到了进一步的强化。在《科学的规范结构》中，默顿指出②：

> 科学的精神特质是指约束科学家的有情感色彩的价值观和规范的综合体。这些规范以规定、禁止、偏好和许可的方式表达。它们借助于制度性价值而合法化。这些通过戒律和儆戒传达、通过赞许而加强的必不可少的规范，在不同程度上被科学家内化了，因而形成了他的科学良知，或者用近来人们喜欢的术语说，形成了他的超我。尽管科学的精神特质并没有被明文规定，但可以从科学家道德共识中可以找到，这些共识体现在科学家的习惯、无数讨论科学精神的著述以及他们对违反精神特质表示的义愤之中。

2. 当代科学规范的变革③

科学规范结构是一个历史范畴。默顿关于科学规范结构的分析，其适用范围也是有历史条件的。当社会历史条件发生变化时，科学的社会建制和科学家的行为规范也必然发生新的变化。如果说在20世纪中叶，"学院科学"仍然可以被当作是现实科学的一种合理近似，那么当代科学已经在很多方面表现出与其完全不同的特征。

齐曼认为，我们正在经历着从"学院科学"到"后学院科学"（post-

---

①③　约翰·齐曼. 真科学——它是什么, 它指什么. 曾国屏, 匡辉, 张成岗, 译. 上海: 上海科技教育出版社, 2008.

②　R K 默顿. 科学社会学——理论与经验研究（上册）. 鲁旭东, 林聚任, 译. 北京: 商务印书馆, 2010.

academic science）的转变，他认为这是"一场悄然的革命"："在不足一代人的时间里，我们见证了在科学组织、管理和实施方式中发生的一个根本性的、不可逆转的、遍及世界的变革。"这场革命是如此普遍深入、如此纵横交错，并且在不同国家中的形式、细节变化如此之大，以至于它们很少会被当作一般社会现象的成分。真实的科学正在不断地发展中越来越脱离原来的学术模式。"我们关于'科学'的总体概念正在经历一个根本性转变。在我们眼前，我们的范例正在变成一种新形式——后学院科学，它履行一种新的社会角色，受到新的精神气质和新的自然哲学的管理。"

齐曼将后学院科学的特征归结为六个方面，即集体化、极限化、效用化、政策化、产业化和官僚化。集体化，是指后学院科学"将需要一种大的集体努力，包括更周密的社会安排：安排多学科研究队伍、协调他们的努力、综合他们的发现"。极限化，齐曼称之为"增长的限制"，指的是整个科学事业现在正变得太大、太昂贵，而难于进一步增长。效用化，指的是科学越来越被人们用来作为一种有用的工具，科学被强制征用为国家 R&D 系统的驱动力，被强行征用为整个经济创造财富的技术科学的发动机。政策化，是指由于后学院科学研究需要巨大的经费支持，科学越来越被国家等经费的提供者操纵，科学家沦为资助者的雇员，很多研究者如此信赖研究实际问题的政府契约，以至于很难把他们和政府政策分开。产业化，意指后学院科学已经成为技术科学不可分割的一部分。官僚化，是指科学正在被有关实验室的规章制度所约束，被卷入了项目申请、投资回报和中期报告的海洋中，被包装或重新包装成美丽的花瓶，被管理顾问重组和缩小规模，因此科学研究不可避免地卷入到政府的官样文章中。[①]

这个变化的过程，同时伴随着科学规范结构的不断调整。可以说，"后学院科学"或"企业化科学"的出现与科学规范结构的变化，构成了同一个历史过程的两个侧面。一方面，"后学院科学"或"企业化科学"的发生是科学认知条件、科研机构的重新调整，以及科学规范的变革带来的结果；另一方面，新型科学形态的出现也要求与之适应的科学规范结构。

当代科学规范结构的变化，首先体现在科学的制度化目标的变化上。在依然保持传统生产新的科学知识的使命外，科学的制度性目标中包含了新的要

---

① 约翰·齐曼. 真科学—它是什么，它指什么. 曾国屏，匡辉，张成岗，译. 上海：上海科技教育出版社，2008.

素。"在科学家中间，最根深蒂固的价值之一是知识的拓展。把这种价值融入到与知识的资本化相一致的关系中，构成了科学的规范变迁。"具体地说，传统的观点认为，科学建制的制度性目标就是"扩展证实无误的公共知识"，对这一点的追求成为科学家的最高奋斗目标。而在"后学院科学"和"企业性科学"中，在"扩展知识"的同时，促进知识"资本化"在一定条件下成为科学新的制度性目标，试图建立两者之间的相容关系也因此成为科学规范的一次深刻变革。

与这种制度性目标的变化相适应，制度性的规范也在发生变化。比如，保密、部分公开、保护性专利及保护知识产权的其他形式，明确地向科学的社会建制的两个核心规范——"无私利性"和"公有主义"提出了挑战。"无论如何，不管科学行为的规则是规范性的精神还是职业性的意识形态，抑或两种兼而有之，当对知识产权的考虑进入问题的选择和研究结果的传播时，'无私利性'地追求知识的观念看起来是难以维系了。同时，关于学术研究商业化的争论表明，默顿规范中所体现的价值尽管陷入冲突，但是依然以某种形式维持着——否则为什么会有争论呢？"

对此，亨利·埃兹科维茨认为，关于科学规范结构的争论和不一致性"是过渡时期的反映"，在这个时期，承担研究者和企业家多重角色的科学家，还没有把它们整合成一个连贯的规范、职业认同和职业意识形态。然而，重新解释的过程正在进行中。

齐曼于1994年提出了一套关于"产业科学"的规范，并认为这种产业科学的规范可以体现一般工业或者部分政府研究的特点。齐曼把这种产业科学的规范总结为五个方面，即"所有者的"（proprietary）、"局部的"（local）、"权威的"（authoritarian）、"定向的"（commissioned）、"专门的"（expert）。这些规范特征正好可以被缩写为PLACE。在齐曼看来，这似非偶然，寓意着"为了做好产业科学，你适用的是PLACE，而不是CUDOS"。

齐曼认为，这种产业科学"产生不一定公开的所有者知识；它集中在局部的技术问题上，而不是总体认识上。产业研究者在权威的管理下做事，而不是作为个体做事。他们的研究被定向的要求达到实际目标，而不是为了追求知识。他们作为专门的解决问题人员被聘用，而不是因为他们个人的创造力"。齐曼关于产业科学规范的分析，往往被学术界理解为是对"后学院科学"规范结构的界说。

3. 精神共同体的解构

齐曼认为，"后学院科学"是一种多元规范并存的科学形态，也是不同的规范结构在相互补充和相互冲突中各自得到完善并相互得以调适的科学形态，这些多样化的规范分别服务于科学建制与其他社会建制建立起的多样化"契约关系"，通过这些多样化的规范，科学共同体在不同契约关系中履行着自己多样化的职责和使命，并以此更加直接高效地展现科学知识生产的多种社会功能。①

实际上，自20世纪60年代以来，特别是库恩的《科学革命的结构》出版后，科学规范问题引起了历经几十年的广泛争论。在众多观点中，齐曼的观点是对默顿科学规范的适用性问题进行讨论的典型代表，而以巴恩斯、马尔凯为代表的爱丁堡学派成为质疑默顿科学规范独特性的先锋。巴恩斯等认为构成科学精神特质的规范不是科学所特有的，在现代社会的其他领域也有这些规范，认知规范（技术规范）才是指导科学家行为的根本，而不是社会规范（道德规范）。

与默顿的科学社会学不同，爱丁堡学派打开了科学知识"黑箱"，建构了科学知识社会学（sociology of science and knowledge，SSK）的强纲领，从宏观视域研究了历史中的种种典型的科学争论案例，探讨了科学知识发展与社会利益变化两者之间的内在因果相关性，并以广义的"利益"（interests）因素作为着眼点，对科学活动进行社会学的因果说明。

在库恩范式论的影响下，巴恩斯等认为，普遍主义、公有主义、无私利性、有条理的怀疑主义等规范并非科学所特有，它们同样存在于或适用于其他的社会活动。范式才是科学的社会控制的一个源泉。在科学活动中，社会规范不能约束科学家的行为，只有认知规范才发挥相关的作用。"那些表现出最大程度的一致的科学家群体，是共享库恩范式的共同体。在这些共同体内部的凝聚力、团结一致和共同的信奉，是来自范式的技术规范，而不是一种普遍的科学的'精神特质'。"②马尔凯质疑科学的规范作为一个区分科学制度和其他制

---

① 李正风. 再论科学的规范结构. 自然辩证法通讯，2006，（5）：53-59，42.

② Barnes S B，Dolby R G A. The scientific ethos: A deviant viewpoint. European Journal of Sociology，1970，11（1）：3-25.

度有效工具的充分性。在他看来，没有经验研究表明科学的规范是科学共同体所独有的，理论上和方法上的规范比默顿的社会规范更适合作为科学共同体结构的中心，已确立的范式因带有规范性力量而被接受并指导科学家的科学活动，而规范和反规范，无论是米特罗夫还是默顿所讨论的，或者两者的组合，都不应该视为统治科学活动的规则①。在他们看来，调控科学家行为的规范或规则不是源于社会价值观的道德标准，而是对科学知识独有的认知标准，如精确性、逻辑自洽、可复制性、可检验性等。此外，范式作为选择问题和解决问题的标准方式，并不是统一的，而是特定于不同领域的科学共同体。

默顿科学规范的质疑者也提出这样的问题，即是否应该区分"宣称的规范"（professed norms）和"统计的规范"（statistical norms）两类未必一致的规范。巴恩斯等认为，后一类规范实际支配科学家的行为，而前者只是"典仪性的要求，常常出现在赞颂的小册子或演讲中"，"它可以在辩护和冲突时吸引外面团体的注意力"②。在巴恩斯和多尔比看来，默顿规范主要是"宣称的规范"。他们批评默顿和他的同事误把科学家自称的价值观作为实际的、有统计意义的行为规范，从而成为制造歪曲现实的神话倡导者。马尔凯则称默顿规范是"假想的科学规范"，实际上是"职业的意识形态"。科学家对默顿规范的陈述并不表明这是他们的信念，它们只是一种为维护科学自主性的意识形态，而不是真正的伦理原则。为此，马尔凯在《科学中的规范和意识形态》③一文中明确地指出：

> 第一，以前被当作科学的规范结构的东西，最好把它理解为一个"辩护的词汇表"，其作用是评价、美化科学家的职业行为并为之辩护……；第二，这些词汇被科学家的代言人有选择性地用来证明科学的特殊地位；第三，代表某种科学观点的科学家，他们大量地运用这种意识形态，以获得对研究活动的社会支持。

尽管巴恩斯等学者对默顿科学规范的批评有过激之处，但无疑具有重要的

---

① Mulkay M. Some aspect of cultural growth in the natural science. Social Rearch，1969，35（4）：22-52.

② Barnes S B，Dolby R G A. The scientific ethos：A deviant viewpoint. European Journal of Sociology，1970，11（1）：3-25.

③ Mulkay M. Norms and ideology in science. Social Science Information，1976，15（4-5）：637-656.

现实意义，对于科学活动的理解具有重要的启发作用，其中有两个方面在此值得关注。

首先，科学家在科学活动实践中不可能完全遵循默顿所提出的科学规范，必定会包含各种个人的主观因素和社会因素的作用。因此，科学家在科学活动中所实际采用的科学规范不仅在内容上要比默顿科学规范复杂得多，而且，在不同的国家和地区、不同的学科，以及不同的历史时期内，都是有所不同的。例如，1948 年 2 月，世界科学工作者联盟（WFSW）大会通过的《科学家宪章》；1974 年，联合国教科文组织提出的《关于科学研究工作者地位的建议》；1980 年，日本学术会议通过的《科学家宪章》；20 世纪 80 年代，京沪等地的中国科技工作者分别联名发表的关于制定科技工作者道德规范的倡议，其他与科学规范有关的文件和倡议书；等等。它们的内容都具有明显的差别，就充分表明了这一点①。

其次，技术规范对科学活动具有重要的作用。严格来说，科学作为一种认知活动，无论是技术规范还是社会规范都是不可或缺的。正如朱克曼指出："现有证据表明，科学既受到认知规范的约束，也受到社会规范的约束，虽然不是不变地遵守它们。然而，认知规范和社会规范总是被分开来分析，尽管它们实际上是互相缠绕的。认知的或技术的规范规定科学家应该研究什么、如何研究，社会的或道德的规范，规定科学家的态度及科学家的行为方式。两者都促进实现科学活动的目标，两者都是有约束力的。"②由于在实践中"科学家们严重背离默顿提出的科学的精神气质"③，使得技术规范的现实意义更加凸显，而库恩的"范式"也给技术规范的内涵赋予了新的意义。

默顿科学规范是科学精神特质的核心内容，是科学共同体作为精神共同体的要义所在。实际上，无论是从学院科学到后学院科学的变迁过程中，还是科学知识生产模式的变迁中，科学规范已经展现出多元的特点。试图寻找单一的科学规范结构，与试图寻找不变的科学规范结构，都会背离科学发展的真实图景。有理由认为，从"学院科学"向"后学院科学"转变的过程，不是一种新

① 马来平. 关于默顿科学规范的几个理论问题. 科学文化评论，2006，3（3）：98-109.

② Zuckerman H. The sociology of science// Smelser N J. Handbook of Sociology. Newburry Park，CA：Sage，1988.

③ 杰里·加斯顿. 科学的社会运行. 顾昕，译. 北京：光明日报出版社，1988.

的规范（如"产业科学"规范）取代传统的学院科学规范的过程，而是由相对
单一的科学规范向多元规范转化的过程。与此同时，科学活动对技术规范的强
调，以及规范的适用性呈现出区隔的特点，在不同专业、区域、行业等有着不
同的表现，这些变化或多或少的体现了科学活动作为一个职业的特点。从这个
意义上来说，科学共同体的重构是由精神共同体向职业共同体转向的过程。

三、科学的职业化与职业共同体的转向

现代意义上的"职业"（德语 beruf）本义是召唤（calling）的意蕴，暗含
一种宗教观念，即上帝安排的任务，是基督教新教领袖马丁·路德在翻译《圣
经》时所创造的一个词，反映了清教徒天职的观念。新教观念对早期近代科学
的正面影响已为人们所熟知，按照马克斯·韦伯的说法，科学的职业化意味着
把洞悉自然奥秘的科学当作一项为世界"祛魅"的事业[①]。20 世纪以来，这种
职业化为许多人提供了从事科学活动的机会，也为他们提供了获得社会承认、
谋求经济效益的机会。

1. 科学的职业化

严格来说，科学的职业化始于法国科学院的建立，所谓拿薪的科学家也是
从那时开始的。但总体来看，在近代科学诞生之后相当长的时间里，科学只是
一种专业化的业余活动。正如英国科学知识社会学家巴里·巴恩斯[②]所描
述的：

> 在 17 世纪和 18 世纪的大部分时间里，与那时的科学成就相对应
> 的可以领取薪金的科学职位可谓是凤毛麟角。在英格兰很难指望可以
> 找到一些这样领取薪金的科学职位；在法国，这类职位稍微多一些，
> 但数量也不是很大。科学是一种业余活动，是那些有必要的财富和闲
> 暇的人的一种消遣。

科学的职业化主要发端于 19 世纪的德国。正是德国大学制度的改革，促

---

① 马克斯·韦伯. 学术与政治. 钱永祥等，译. 南宁：广西师范大学出版社，2010.
② 巴里·巴恩斯. 局外人看科学. 鲁旭东，译. 北京：东方出版社，2001.

成了科学从专业化向职业化的转变，造就了德国科学的辉煌，是促进19世纪德国科学从相对落后到全面崛起，直至成为世界科学新的中心的关键因素。其中，大学制度改革和化学学科形成成为德国科学职业化的两个重要载体。

大学是欧洲中世纪的创造，但到中世纪后期特别是17和18世纪，大学普遍腐朽败坏，成为社会各界批判的对象。18世纪的德国大学尽管经历了哈勒和哥廷根两校的现代化改革，在大学理念和教学方面呈现出诸多具有现代意义的新变化，但整体效果上仍不尽如人意。19世纪初，在拿破仑战争的冲击下，德国对包括农业、军事、政治经济等在内的诸多领域开展了全方位的社会整体改革，为德国大学教育改革奠定了物质和精神基础。

1807年10月，在大改革刚开始时，威廉三世就召开了一次非常重要的、极具决策性和战略性的内阁会议。会议的主要议题为：讨论经济困境和办教育的关系。通过此次内阁会议的讨论，德国最终确立了"教育为先"的全方位改革策略，并任命普鲁士教育大臣洪堡作为教育改革，特别是大学教育改革的领导。

洪堡以新人文主义作为大学改革的指导思想，高举学术自由的大旗，注重培养个性充分发展的人。洪堡对柏林大学提出的基本原则是：聘请一流学者并给予他们研究自由。此外，他对诸如组织形式、规章制度等细节从不干涉。他深信学者的个人才华是成功大学的唯一要素，"如果追求知识成为大学的首要原则，那么我们就没什么可担心的了"[1]。

1810年秋，柏林大学正式开学。尊重自由的学术研究，成为新大学的精神主旨。柏林大学的独特之处在于研究任务成为教授的正式职责。"柏林大学从最初就把致力专门科学研究作为主要要求，把授课效能作为次要问题来考虑；更恰当地说，该校认为在科研方面有卓著成就的优秀学者，也总是最好和最有能力的教师。"[2] 基于这种理解，柏林大学注重高深科学研究，既给教师提供充分的教学科研自由，也允许学生享有充分的学习自由，包括选科、选择教师和转学的自由。为使教学与科研相结合，采用了开设讲座的方法。为鼓励学生进行高深研究，设立研讨班的组织制度，即一小批学生在教师指导下对某个问题或领域进行深入研究。柏林大学获得了极大成功，成为德国高等教育的

---

① Fallon D. The German University: A Heroic Ideal in Conflict with the Modern World. Boulder: Colorado Associated University Press，1980.

② 弗·鲍尔生. 德国教育史. 滕大春，滕大生，译. 北京：人民教育出版社，1986.

榜样。新的学术自由和科学研究精神在德国大学蔚然成风，德国大学的思想开始传播到世界各地。[①]

德国大学制度改革创立了学术科学家职位。与此相呼应的是，产业和政府的需求也使得科学的职业化更为深入。19世纪欧洲的经济发展，使得诸如采矿业、金属冶炼业、玻璃工业，以及制盐等行业都得到了快速的增长，而这样的一种增长同时带来了许多技术层面的问题，包括如何提高金属冶炼的效率、寻找新型燃料等问题，这便产生了一种需要，亟待科学领域中能够出现一些发明创造，将科学和经验性的技术知识应用于工业生产过程。化学学科所脱胎的，便是19世纪得到高速发展的冶金行业。得益于德国大学制度改革，大量的青年化学家在大学实验室中接受现代化学训练，围绕重大课题开展研究工作，有效解决了冶金领域的各种实际问题，也促进了政府和企业开始为化学家提供职业发展的机会。

随着化学在工业、农业诸方面直接应用的潜在可能性越来越明显，与物理学和其他学科相比，化学家内部率先出现了功能分化，也就是产生了服务于政府和企业的应用化学家，以及占据拿薪职位的职业化的学术化学家。其他国家的科学职业化也呈现出类似的逻辑。英国的科学职业化肇始于地质学而不是其他学科，主要在于地质学特别是应用地质学可以满足不同阶层的利益和需要[②]。

专栏 4.2　英国的科学职业化——为什么发生在地质学

（1）创建职业地质学机构的设想之所以能得到政府眷顾，是因为它符合国家利益，有必要展开全国范围的地质调查和矿产普查，为矿产的产地和蕴藏条件提供详细的资料，保护国家在矿区采掘权方面所享有的利益。

（2）地质调查工作特别受到地主和矿产企业主的支持。地主们需要了解土地的类型，工场主和矿业主则寻找煤层和铁矿资源方面更有价值的知识。

（3）科学共同体内部已产生了对职业化的强烈要求。随着科学的日益普及，科学的荣耀、声誉和成就，吸引了更多社会人群投入和献身科学的热情。但在业余传统统治下，一些具有科学热情的中下层人士，因经济原

---

①　贺国庆，何振海. 传统与变革的冲突与融合——西方大学改革二百年. 高等教育研究，2013，34（4）：99-104.

②　王蒲生. 论英国地质学的职业化. 科学学研究，2001，19（3）：4-11.

因不能进入科学殿堂，被迫选择律师或牧师等对自身生活更有利的职业。此外，从学科的严谨性上讲，职业化也是有利的：地质学家以普遍认可的方式接受培训，并获得经过专家评定的可靠的技能与证书，这是进入成熟期的、可以自我维系、自主繁衍的地质学所不可避免的选择。

（4）地质学家德拉贝奇在英国地质学的职业化过程中所起到的个人作用巨大。

资料来源：王蒲生. 科学学研究，2001，19（3）：4-11.

2. 职业共同体的转向

科学的职业化过程，在本质上是将科学活动纳入到整个社会的价值分配体系，形成与社会物质生产之间的交换关系。科学建制的目标一方面是为了扩展确证无误的知识，另一方面则是追求人类福祉的增进。

第二次世界大战期间，以美国为代表的西方战时科学研究与开发取得了空前成就。"曼哈顿计划"使人们普遍认为，科学不仅可以制造出威力无比的武器，而且可以用来解决贫穷、健康、住房、教育、运输和通信等方面的物质缺乏问题。人们也从"曼哈顿计划"中看到了科学研究，尤其是基础研究的重要性及科学社会功效的可靠性[①]。自此，科学的社会运行机制发生了巨大变化[②]。首先，大多数科学活动不再是对个人兴趣导向的自由探索，而是社会建制化的研究与开发，政府、企业、大学、基金会等科学共同体外部的利益相关者（stakeholder）对科学研究的内容与方向具有决定性的影响力，科研职位、学术地位、论文发表、奖励及科研资源的获取都充满了竞争性。由此，科学研究不再与利益无关，科研诚信与利益冲突等问题日益彰显。其次，科学的社会影响愈益巨大而深远，其社会后果充满复杂性、不确定性和难以预见的风险性。核能、信息和生命科学的发展表明，人类为了生存和发展而集中社会资源来开展科学研究（包括纯科学研究），但科学在给人类带来福祉的同时，也日渐显现为一种难以控制和驾驭的巨大的力量，迫使人类面临越来越多的价值冲

---

① 杜鹏，李真真."公众理解科学"运动的内涵演变及其启示. 未来与发展，2008，（7）：52-56.

② 段伟文. 科研伦理与信息权利. 中国社会科学院院报，2007 年 10 月 9 日第三版.

突和伦理抉择。最后，由于科学研究需要调动巨大的社会资源，科研资源的合理分配成为重要公共政策问题，其中也涉及价值与伦理抉择。在公共资源有限的情况下，科研课题的确立不仅仅取决于纯粹的客观事实，科技战略与政策的选择也不能只考虑经济效益，还应该考虑社会资源在不同利益相关者中配置的公正性、对弱势群体的关照等价值和伦理问题。

科学活动不仅仅意味着对客观知识的追求，更是具有复杂的价值伦理内涵的社会实践。在科学职业化不断深入的过程中，科学建制的两个目标产生了一定的冲突。尽管学术职业的精神诉求是"在理性背后有对正义的激情，在科学背后有对真理的渴求，在批判背后有对更美好事物的憧憬"[1]，但确证无误的知识未必意味着人类福祉的增进，客观知识不再无条件地具有伦理上的优越地位，科学共同体对客观性的追求不再必然导致善，研究者对社会与环境的责任成为备受关注的伦理问题。这样一来，科学共同体发生了由精神共同体向职业共同体的重构过程。早在 1919 年，马克斯·韦伯在德国的慕尼黑大学为青年学生们作了《以学术为业》的著名演讲，对于职业化的科学做出了天才的洞见：科学作为一个职业并不关涉终极关怀[2]：

> 今天，作为"职业"的科学，不是派发神圣价值和神启的通灵者或先知送来的神赐之物，而是通过专业化学科的操作，服务于有关自我和事实间关系的知识思考。它也不属于智者和哲人对世界意义所做沉思的一部分。

职业化是一个历史的过程，主要取决于职业的内在特征、职业与外部主体关系的影响。从职业内部来说，尽管与医学、法律和会计等职业不同，科学职业缺乏特定的客户，并没有针对其特定行为的标准型职业义务[3]，但也由此建立了培训体系、职业团体、技术规范、道德准则等各种结构性制度，特别是研究伦理和社会责任成为科学职业的重要内容。科学家作为一个特殊的社会职业，不仅要从事科学研究，拿出高质量的科研成果奉献于社会，在履行"求

---

① 雅克·勒戈夫. 中世纪的知识分子. 北京：商务印书馆，1996.

② 马克斯·韦伯. 学术与政治. 钱永祥等，译. 南宁：广西师范大学出版社，2010.

③ Zuckerman H. Norms and deviant behavior in science. Science, Technology and Human Values, 1984, 9（1）: 7-13.

真"的内在责任的同时，还要承担相应的"后果责任""职业责任"和"伦理责任"①。

专栏4.3　科学的社会责任

科学家应承担起对科学技术后果评估的责任。鉴于现代科学技术存在正负两方面的影响，并且科学家掌握了专业科学知识，他们比其他人能更准确、全面地预见这些科学知识的可能应用前景，他们有责任去预测评估有关科学的正面和负面的影响，防范科学技术的非理性应用，并采取必要措施积极应对科研过程中的（潜在）社会风险，一旦发现弊端或危险，应改变甚至中断自己的工作，必要时向社会示警。

科学家应承担其科学家职业角色所赋予的时代责任。鉴于现代科学的发展引领着经济社会发展的未来，这就要求科学家必须具有强烈的历史使命感和社会责任感，珍惜自己的职业荣誉，勇于承担作为科学家职业角色的社会责任和义务，加强职业道德建设，避免把科学知识凌驾其他知识之上，避免科技资源的浪费和滥用，积极参与政府的科技决策，重视科学教育，确保科学的持续、协调发展，重视科学传播，促进公众全面、正确地理解科学。

科学家应为人类社会可持续发展承担起一种"关切"的伦理责任。鉴于现代科学技术的巨大能力，而当代科学技术的试验场所和应用对象牵涉到整个自然与社会系统，新发现和新技术的社会化结果又往往存在着不确定性，而且可能正在把人类和自然带入一个不可逆的发展过程，直接影响人类自身以及社会和社会发展，因此科学家必须更加自觉地遵守人类社会和环境的基本伦理，珍惜与尊重自然和生命，尊重人的尊严和权利，充分考虑我们对当代任何子孙后代所担负的责任，利用科学促进人类社会持久的和平和可持续发展。

资料来源：杜鹏. 关于科学的社会责任. 科学与社会，2011，1（1）：114-122.

从职业外部来看，职业化的过程也是向社会和政府让渡职业自主性权力的过程，包括监管权力。一直以来，科学系统形成了一套高度有效的自我控制和

---

① 杜鹏. 关于科学的社会责任. 科学与社会，2011，1（1）：114-122.

自我治理机制。20世纪70年代以后，随着一系列严重的科研不端行为被披露，人们开始怀疑追求真理的科学，对其原来所拥有的高度信赖性产生了怀疑。科研诚信问题日益超出科学共同体的范畴，成为备受关注的社会问题，并且进入政策解决的层面①。

专栏4.4   美国国会首次就科研不端事件召开听证会

1981年3月31日至4月1日，美国国会、众议院科学技术委员会下属的"调查与监督分会"就生物医学领域发生的科研不端行为事件，举行了第一次听证会。这次听证会是美国国会首次过问科研不端行为问题。听证会上，作证的科研机构的科学家们显示出对政府干预调查的不满，认为科研不端行为被夸大了，它即使存在也仍然是罕见的，现存的科研机制完全能够妥善地处理。对于这次听证会，美国科学界也普遍认为，科学界本身足以发现、处置和解决科研不端行为问题，外界无须也不应该干涉。

但是，就再这次听证会之后，哈佛医学院被揭露出约翰·达西（John R. Darsee）造假事件。不端行为丑闻的一再被披露是科学界意识到问题的严重性。时任"调查与监督分会"主席的阿尔伯特·戈尔（Albert Gore）在分析了已经发生的不端行为后认为，不论是政府还是大学，都完全没有建立起举报不端行为的体系。在1981年发生的一系列科研不端行为事件之后，美国国会责成政府部门和科技机构制定和推行一系列防范和惩戒不端行为的法规、政策和指南。

资料来源：李真真. 如何开展负责任的研究. 北京：科学出版社，2015：5.

英国学者约翰逊认为，职业并非一个行业，而是一种控制一个行业的方式，理解职业的关键是在职业与外部主体之间的生产-消费关系中的控制问题。职业外部权力关系的制度化秩序可分为三类：①学院式控制，即由职业自身的权威结构来控制；②赞助式（patronage）控制，即由消费者来定义自身的需求，以及满足这些需求的方式；③调解式（mediation）控制，即由国家决定

---

① 李真真. 如何开展负责任的研究. 北京：科学出版社，2015.

职业行为的内容和对象①。实际上，科学职业化中的外部控制呈现出多元化的特点，既可以将外部控制的内容表达在职业规范层面，比如，在研究伦理中涉及利益相关者，也可以通过联合设立边界组织或者直接调控进行，如大卫·古斯顿详细考察了美国各个时期科学政策的变迁，特别是为了减轻信息不对称问题的困扰，国会和相关政府部门在战后如何逐步发展起自身监管科学的能力，最终设立了横跨在政治与科学边界之上的"边界组织"，如美国国立卫生研究院的研究诚信办公室和技术转移办公室，从而建立起政治家与科学家能够真正开展对话的平台，以及共同管理并确保科学诚信和产出率的正式机制②。

---

① Johnson T. Professions and Power. London：Heinemann，1972.
② 龚旭. 在政治与科学之间拓新科学政策研究. 科学与社会，2011，1（3）：134-137.

第五章
科学共同体重构的背后：
学会跨越发展面临的形势及未来

这是最好的时代，这是最坏的时代；

这是智慧的时代，这是愚蠢的时代；

这是信仰的时期，这是怀疑的时期；

这是光明的季节，这是黑暗的季节；

这是希望之春，这是失望之冬；

人们面前有着各样事物，人们面前一无所有；

人们正在直登天堂，人们正在直下地狱。

——查尔斯·狄更斯

《双城记》（1859 年）

从历史上看，学会的发展受到多种因素的影响，比如经济社会变迁、技术发现等[①]。从全国学会发展的不同历史阶段可以看出，只有当学会发展契合国家的战略需求时，学会才能学会赢得广阔的发展空间，发挥更大的作用。因此讨论学会跨越发展首先需要考察学会在党和国家中的定位问题，也就是学会的政治属性。

从中共十三大至十八大报告中，我们可以看出，科协组织是党的群团工作的重要组成部分，承载着党和广大科技工作者之间的桥梁纽带作用，既要保证党的方针路线在科技工作者中得到有效地贯彻执行，又要反映科技工作者的意见和呼声，维护他们的权益。学会作为科协工作的主体内容，其政治属性也体现在桥梁纽带作用，具体主要包括三个层面的含义：一是组织科技工作者贯彻党的方针路线，二是学会依照法律和章程独立开展工作，三是表达和维护科技工作者的利益，实行自我管理、自我服务、自我教育、自我监督。

表 5.1　历届党代会报告对群众团体/群众组织/人民团体的表述

届次	年份	主要内容
十三	1987	要理顺党和行政组织同群众团体的关系，使各种群众团体能够按照各自的特点独立自主地开展工作，能够在维护全国人民总体利益的同时，更好地表达和维护各自所代表的群众的具体利益。
十四	1992	加强和改善党对工会、共青团、妇联等群众组织的领导，充分发挥他们作为党联系群众的桥梁和纽带作用。
十五	1997	工会、共青团、妇联等群众团体要在管理国家和社会事务中发挥民主参与和民主监督作用，成为党联系广大人民群众的桥梁和纽带。
十六	2002	加强对工会、共青团和妇联等人民团体的领导，支持他们依照法律和各自章程开展工作，更好地成为党联系广大人民群众的桥梁和纽带。
十七	2007	支持工会、共青团、妇联等人民团体依照法律和各自章程开展工作，参与社会管理和公共服务，维护群众合法权益。
十八	2012	改进政府提供公共服务方式，加强基层社会管理和服务体系建设，增强城乡社区服务功能，强化企事业单位、人民团体在社会管理和服务中的职责，引导社会组织健康有序发展，充分发挥群众参与社会管理的基础作用。 支持工会、共青团、妇联等人民团体充分发挥桥梁纽带作用，更好反映群众呼声，维护群众合法权益。

---

① Cohen P J, Hansel C E M, May E F. Natural history of learned and scientific societies. Nature, 1954, 173: 328-333.

第一节　21世纪中国学会跨越发展
面临的形势与要求

党的十八大以来，我国社会治理体制不断创新，行政体制改革和科技体制改革加快推进，极大促进了学会工作，使得学会迎来跨越发展的新时期。特别是2013年以来，为贯彻落实中央领导的重要批示和精神，积极推进学会有序承接政府转移职能工作，成为学会工作中重要的增长点和亮点，引领和带动学会创新发展。此次学会发展高潮既是对历史上前两次学会大发展基础上的继承与创新，也体现了自身的特点。相似的是，此次学会大发展的背景是"创新驱动发展"，这个主题是"科学救国""科学强国"的延伸；不同的方面主要反映在直接的驱动力和目的的差异，应该说此次学会发展高潮在更多意义上是在政府"简政放权"驱动下，把学会作为一类社会组织整体地纳入到国家治理体系之中的结果。

一、创新驱动发展战略对学会的要求

党的十八大以来，以习近平同志为总书记的党中央面向全局和未来，把实施创新驱动发展战略提到决定中华民族前途命运的高度，对科技改革和创新提出了一系列重大新思想、新论断、新要求。十八届三中全会在全面深化改革中对深化科技体制改革作出系统部署，强调要让一切劳动、知识、技术、管理、资本的活力竞相迸发，并加快建设创新型国家。

1. 创新驱动发展的内涵

2013年9月30日，中共中央政治局以实施创新驱动发展战略为题举行第九次集体学习①。习近平同志在主持学习时强调，实施创新驱动发展战略决定着中华民族的前途命运。全党全社会都要充分认识科技创新的巨大作用，敏锐把握世界科技创新发展趋势，紧紧抓住和用好新一轮科技革命和产业变革的机遇，把创新驱动发展作为面向未来的一项重大战略实施好。

2014年8月18日，中央财经领导小组举行第七次会议，研究实施创新驱动发展战略。会议上，习近平同志发表重要讲话强调，创新始终是推动一个国家、一个民族向前发展的重要力量。我国是一个发展中大国，正在大力推进经济发展方式转变和经济结构调整，必须把创新驱动发展战略实施好。实施创新驱动发展战略，就是要推动以科技创新为核心的全面创新，坚持需求导向和产业化方向，坚持企业在创新中的主体地位，发挥市场在资源配置中的决定性作用和社会主义制度优势，增强科技进步对经济增长的贡献度，形成新的增长动力源泉，推动经济持续健康发展。对此，习近平同志阐述了实施创新驱动发展战略的基本要求，提出四点意见②：一是紧扣发展，牢牢把握正确方向。要跟踪全球科技发展方向，努力赶超，力争缩小关键领域差距，形成比较优势。要坚持问题导向，从国情出发确定跟进和突破策略，按照主动跟进、精心选择、有所为有所不为的方针，明确我国科技创新主攻方向和突破口。对看准的方向，要超前规划布局，加大投入力度，着力攻克一批关键核心技术，加速赶超甚至引领步伐。二是强化激励，大力集聚创新人才。创新驱动实质上是人才驱动。为了加快形成一支规模宏大、富有创新精神、敢于承担风险的创新型人才队伍，要重点在用好、吸引、培养上下工夫。要用好科学家、科技人员、企业家，激发他们的创新激情。要学会招商引资、招人聚才并举，择天下英才而用之，广泛吸引各类创新人才特别是最缺的人才。三是深化改革，建立健全体制机制。要面向世界科技前沿、面向国家重大需求、面向国民经济主战场，精心设计和大力推进改革，让机构、人才、装置、资金、项目都充分活跃起来，形成推进科技创新发展的强大合力。要围绕使企业成为创新主体、加快推进产学研深度融合来谋划和推进。要按照遵循规律、强化激励、合理分工、分类改革

---

① 中共中央政治局举行第九次集体学习习近平主持. http://www.gov.cn/ldhd/2013-10/01/content_2499370. Htm [2013-10-1].

② 习近平2014年8月18日主持召开中央财经领导小组第七次会议强调 加快实施创新驱动发展战略. 理论学习，2014，(9)：1.

要求，继续深化科研院所改革。要以转变职能为目标，推进政府科技管理体制改革。四是扩大开放，全方位加强国际合作。要坚持"引进来"和"走出去"相结合，积极融入全球创新网络，全面提高我国科技创新的国际合作水平。

2. 实施创新驱动发展战略的核心内容

习近平同志的一系列新思想、新论断、新要求，明确了新时期科技创新的战略定位、路径选择、根本动力和重大任务，为新起点上加快科技改革发展提供了基本依据、指明了努力方向。在这里，创新实际上有两个层面含义。在第一个层面，创新是一个经济学意义上的概念。按照熊彼特的概念，创新是建立一种新的生产函数，是企业家对生产要素的新组合，形成新的生产能力，最终获得潜在利润，也就是通过将科学技术与市场相结合，产生新的社会价值。当前，我国创新能力较弱，不仅仅是因为我国科学发明和发现，或者新技术比较少，还有很重要的一点是我们的科技和经济结合得不够，还没有很好地实现我们的产业化。第二个层面，创新是一个国家的战略。无论是发达国家，还是新兴工业化国家，它们之所以能够成为发达国家，一个重要的原因在于创新是国家发展的基本战略，有强烈的创新意识和良好的创新氛围，同时，也有一个比较运转有序的国家创新体系。在这个意义上，实施创新驱动发展战略的核心内容主要体现在三个层面。

（1）促进科技与经济融合。实施创新驱动发展，着眼点于转型发展，进一步打通科技和经济社会发展之间的通道，让市场真正成为配置创新资源的力量。一是进一步确立企业的主体地位，引导和支持创新要素向企业集聚，让企业成为技术需求选择、技术项目确定的主体，成为技术创新投入和创新成果产业化的主体；二是着力提高科研院所和高等学校服务经济社会发展能力，构建企业与高校、研发机构、中介机构，以及政府、金融机构等共同组建的分工协作、有机结合的创新链，形成有中国特色的协同创新体系。

（2）提高自主创新能力。实施创新驱动发展战略，最根本的是要增强自主创新能力。一是要瞄准国际创新趋势、特点进行自主创新，强化基础研究、前沿技术研究、社会公益技术研究，抢占科技发展战略制高点；二是要将优势资源整合聚集到战略目标上，加快技术突破和成果产业化来促进产业转型升级，加快突破现代农业、人口健康、资源环境、国家安全等方面的重点难点问题。

（3）营造开放协同高效的创新环境。实施创新驱动发展战略，良好的创新环境是最为深厚的土壤。要把营造良好的创新环境作为重大任务抓实、抓好。一是要扩大科技开放合作，坚持以全球视野谋划和推动创新，主动布局、积极融入国际创新网络，加大利用全球科技资源力度。二是完善和落实促进科技成果转化，促进科技和金融结合，加强知识产权创造、运用、保护、管理，加强对科技创新活动和科技成果的法律保护，为科技创新提供有力政策法治保障；三是切实建立健全科研活动行为准则和规范，加强科研诚信和科学伦理教育，倡导创新光荣，鼓励独立思考，保障学术自由，营造宽松包容、奋发向上的学术氛围，厚植创新土壤；四是把科学普及放在与科技创新同等重要的位置，提高全民科学文化素质，弘扬中华民族创新精神，在全社会进一步形成讲科学、爱科学、学科学、用科学的深厚氛围和良好风尚，激发全社会创新活力。

3. 学会在创新驱动发展战略中的功能定位

实施创新驱动发展战略是要按照党中央、国务院要求，加强部门协同，需要调动科技界、产业界和社会各方面广泛参与，汇聚共识、形成合力。从全国学会发展的不同历史阶段可以看出，只有当学会发展契合国家的战略需求时，学会才能赢得广阔的发展空间，发挥更大的作用。学会的特点在于协调，因此学会在在创新驱动发展战略中的功能定位主要反映在科学共同体内部、学会与企业、学会与政府、学会与社会之间的专业联系上。根据实施创新驱动发展战略中的主要内容，当前学会在创新驱动发展战略中的功能定位主要体现在以下几方面。

（1）开展学术交流，促进行业自律。与大学和研究所相比，学会以学术交流作为主要任务，并且展现出独特优势和传统。比如，学会成立之初，最鲜明有力的旗帜是学术自由、平等民主，并由此成为学会最重要的传统和特征之一；学会松散的、无等级的、交叉的网络组织结构，可以比其他结构以更有效的方式传递学术信息；学会跨越部门、行业和地域，具有横向联系的优势；它汇集了学科精英，为学术交流提供了丰富的智力资源[①]。开展学术交流，使学会成为原始创新的源头，是中外科技团体的基本功能。

---

① 韩启德. 遵循科学共同体规律 推动中国科技团体发展. 科技导报，2009，（1）：1-2.

良好的学术生态是繁荣学术的基础，对于促进学科发展、启迪新思维、推进自主创新发挥着重要的作用。全国学会作为科技工作者的组织，通过学术交流、学术出版、学科建设、科技奖励和科技评价、国际交流等发挥其在科学共同体内部的社会管理职能，规范科技工作者行为，形成行业自律，已经越来越成为科技界的一种共识，并且受到重视。

（2）加强协同，促进科技与经济融合。尽管在国外实践和我国的科技创新政策中都没有明确学会的角色，但针对现阶段，创新需求和创新供给之间渠道不畅的情况，学会作为跨部门、跨行业、跨地域的学术组织，可以有效发挥中介、协调的功能，联合科研院所、高校、企业等创新资源，促进创新主体的知识流动、人才流动和有机互动，开展信息服务和技术服务，推进科技成果转化，推动技术成果与产业发展深度融合，助力企业提升自主创新能力。

（3）发挥人才智力优势，促进决策科学化。随着改革开放的进一步深入，我国经济社会发展面临的矛盾和问题日益凸显，快速的社会经济发展正为智库的发展创造了极好的时机。学会具有人才荟萃、智力密集、资源整合优势，是第三方咨询与评价的重要力量，围绕科技创新和经济发展中与科技有关的战略性、前瞻性、基础性和行业共性问题，通过各种形式的决策咨询、政策评价，越来越深入地参与到与专业领域相关的社会公共事务决策和行业发展中，在服务改革大局的同时，也承担起科学共同体应有的社会责任。

（4）加强科学普及，营造全民创新创业的文化氛围。加强科技宣传普及，提高全民科学素养，是科技创新的社会基础。随着科学技术的深入发展，对科普的形式和内容等方面也提出了新的要求。一方面需要专业化基础和职业化运作，另一方面强调促进公众对现代科技事业的全面理解，也需要及时对社会热点进行回应，保持一种敏感性。在这种新形势下，学会在知识积累、人力、经费、设施等方面都有较为充分的资源保障。因此，学会作为科技工作者的专业组织，在科学普及方面责无旁贷。

二、社会组织体制创新的要求

改革开放30多年来，我国社会组织呈现出突飞猛进的发展态势。虽然经历停滞或曲折，不同时期的增长态势不同，结构上也表现出明显差异，但发展的总体趋势无疑非常显著，20世纪80年代中期和21世纪最初10年的两次高潮表现出强劲的增长势头，且呈现出持续增长和不断扩展的趋势。其结果是，我国社会组织经过30多年的发展，已经达到相当规模，成为遍及社会生活各个方面、各个层次、各个领域的一种普遍的社会现象和社会力量。

随着社会组织的发展，以及当前我国政治、经济、文化、社会建设的需要，社会组织管理的新体制逐渐显现。中共十八大首次提出要加快社会体制改革。十八届三中全会通过了《中共中央关于全面深化改革若干重大问题的决定》，将治理能力现代化作为改革的总目标，提出要创新社会治理体制，改进社会治理方式，激发社会组织活力。随着全面深化改革的展开，我国正在形成一种以组织发展为目标、以规范监管为手段、以风险控制为限度的现代社会组织管理体制[①]。

1. 现代社会组织体制的基本内涵

在党的十八大提出的"加快形成政社分开、权责明确、依法自治的现代社会组织体制"及建构"同意直接登记体制"的基础上，十八届二中全会和十二届全国人大一次会议审议通过的《国务院机构改革和职能转变方案》重申建立健全统一登记、各司其职、协调配合、分级负责、依法监管的社会组织管理新体制，改革社会组织管理制度，推动社会组织完善内部治理结构。十八届三中全会进一步提出"创新社会治理体制"的各项战略部署，拉开了我国社会组织体制全面改革的序幕。

《中共中央关于全面深化改革若干重大问题的决定》指出："创新社会治理，必须着眼于维护最广大人民根本利益，最大限度增加和谐因素，增强社会发展活力，提高社会治理水平，全面推进平安中国建设，维护国家安全，确保人民安居乐业、社会安定有序。"创新社会治理需要从改进社会治理方式、激发社会组织活力、创新有效预防和化解社会矛盾体制、健全公共安全体系等方面系统展开。

对于改进社会治理方式而言，就是坚持系统治理，加强党委领导，发挥政府主导作用，鼓励和支持社会各方面参与，实现政府治理和社会自我调节、居

---

① 王名. 社会组织与社会治理. 北京：社会科学文献出版社，2014.

民自治良性互动。坚持依法治理，加强法治保障，运用法治思维和法治方式化解社会矛盾。坚持综合治理，强化道德约束，规范社会行为，调节利益关系，协调社会关系，解决社会问题。坚持源头治理，标本兼治、重在治本，以网格化管理、社会化服务为方向，健全基层综合服务管理平台，及时反映和协调人民群众各方面、各层次利益诉求。

对于激发社会组织活力而言，就是正确处理政府和社会关系，加快实施政社分开，推进社会组织明确权责、依法自治、发挥作用。适合由社会组织提供的公共服务和解决的事项交由社会组织承担。支持和发展志愿服务组织。限期实现行业协会商会与行政机关真正脱钩，重点培育和优先发展行业协会商会类、科技类、公益慈善类、城乡社区服务类社会组织，组织成立时直接依法申请登记。加强对社会组织和在华境外非政府组织的管理，引导它们依法开展活动。

在加快形成现代社会组织体制的过程中，一要实现政社分开，即努力推进改革，厘清政府职能的边界，在改革中建构政府和社会组织合作共治的社会协同局面；二要做到权责明确，即努力实现转型，在推进政府职能转变的过程中实现国家与社会关系、党政与社会组织关系的转型，建构政府各相关职能部门与社会组织之间的合作互动机制；三要贯彻依法自治，即积极探索社会重建，在不断完善宪政基础上的公民基本权利保障体制的同时，推进社会自治系统的发育和成长①。为此，现代社会组织体制主要包括社会组织监管体制、社会组织支持体制、社会组织治理体制、社会组织运行体制等方面内容。对于社会组织而言，前两者构成社会组织发展的外环境，而后两者形成了社会组织发展的内环境。

2. 学会类社会团体在社会治理领域的主要职能

社会团体是会员制的社会组织。按照 1998 年颁布实施的《社会团体登记管理条例》中的定义，社会团体是中国公民自愿组成、为实现会员共同意愿、按照其章程开展活动的非盈利型社会组织。学会和行业协会是我国社会团体的主要形式。在很长一段时间内，我国社会团体以学会为主要形式，伴随着市场经济体制的建立，行业协会作为市场经济体系的重要组成部分，成为我国社会

---

① 王名. 社会组织与社会治理. 北京：社会科学文献出版社，2014.

团体的重要形式。

在现代社会，社会组织已经成为政府治理社会事务的重要载体之一，在维护经济秩序、促进社会发展等方面发挥着重要作用。随着政府社会治理中的社会服务职能的逐渐转移，社会组织承接的社会职能会越来越多，从而成为社会事务治理的主体之一。其职能主要体现在以下三个方面[①]。

（1）立足会员：规范会员行为，促进行业自律。社会团体作为会员制组织，在为会员提供服务、代表会员利益的同时，也按照内部规则约束和规范会员的行为。在一个普遍结社的社会，社会组织的活动不仅是加强基层社会的联结纽带，而且在相当的程度上对群体社会行为起到监督和示范作用，进而引领社会风气，这些对社会治理工作的开展都是十分有利的。

（2）立足公众：提供公共服务，促进资源整合配置。由于密切联系基层社会，加之具有非营利性、公益性等特点，社会组织与政府工作之间能够形成优势互补的关系。它们通过广泛的公民参与，动员民间力量，聚集人力资源，在社会生活的各个领域发挥着服务民众、增进福利及协调社会矛盾的重要作用。

（3）立足政府和其他团体：利益协商与对话，参与公共决策。在社会转型的重要阶段，在政治体系和社会公众之间建立各种沟通的渠道，以便于广大公众的政治参与，对建立政府与公众之间的对话机制十分重要。由于社会组织接近于基层社会，更加了解公众及社会的问题和需求，能有效提升公众参与的质量和效果，因此，社会团体承担着协调利益关系、参与公共决策的职能。

三、行政体制改革的要求

党的十八届三中全会站在新的历史起点上，对进一步深化政府职能改革作出了全面部署，突出强调了加快转变政府职能的改革进程。根据改革部署，国务院及各级政府将在今后一段时间陆续取消和下放一批行政审批事项，由下一级政府或具有相关专业背景的行业协会、学会等社会团体来承接这些政府职能。这就意味着，在这次改革过程中，社会组织将成为政府职能转移的重要载体，承担着输送政府职能重要的"传送带"角色。对于科技类社会组织来说，

---

① 王秋波. 发挥社会组织在社会管理中的作用. 学习时报，2011 年 4 月 6 日.

这无疑是一次难得的转型发展机遇，更是一次严峻的能力和水平考验。

1. 政府职能转移的总体趋势和方向

党的十八届三中全会通过的《中共中央关于全面深化改革若干重大问题的决定》，把推进国家治理体系和治理能力现代化作为全面深化改革的总目标之一。正确理解并准确把握国家治理体系和治理能力现代化的基本要义和科学内涵，对加快转变政府职能、深化行政体制改革至关重要。

《中共中央关于全面深化改革若干重大问题的决定》指出，科学的宏观调控、有效的政府治理是发挥社会主义市场经济体制优势的内在要求。必须切实转变政府职能，深化行政体制改革，创新行政管理方式，增强政府公信力和执行力，建设法治政府和服务型政府，体现出当前全面深化改革的趋势和方向。

（1）《中共中央关于全面深化改革若干重大问题的决定》提出了治理的概念。

治理体系和治理能力概念的提出，充分反映了政府从管理国家到治理国家思维上的巨大跨越，体现了一种新的治理思维。推进国家治理体系和治理能力现代化，要把党和国家对现代化建设各领域的有效管理，同市场、社会的各种范畴、各种层次、各种形式的多元管理相结合，形成国家治理体系，同时需要提高治理水平，实现国家治理体系和治理能力现代化。具体来说，至少包括三个方面的要求：一是治理主体的多元化，由政府单一主体向政府与社会、企业、团体、人民群众多主体转变，尤其是让社会组织更多地参与到社会治理的过程中，建立一种全社会有序参与治理的新机制；二是治理方式的多样化，在坚持依法行政的前提下，更多地采取柔和与人性化的治理方式，更多地运用多种信息化手段和智能化平台，化解社会矛盾，维护公平正义，促进社会和谐；三是治理过程的规范化，要体现公平正义和公开透明的原则，保障人民群众的知情权和监督权。

（2）《中共中央关于全面深化改革若干重大问题的决定》强调要全面正确履行政府职能。

全面正确履行政府职能，使政府的职能定位更加清晰、准确，有利于提高政府执行力和公信力。主要包括三方面内容：一是政府职能有了新拓展，在"宏观调控、市场监管、公共服务、社会管理"基本职能上，增加了"环境保护"职能；二是政府职能定位更加明晰，进一步明确了中央政府和地方政府履行职能的重点，就是要加强中央政府宏观调控职责和能力，加强地方政府公共服务、市场监管、社会管理、环境保护等职责；三是政府职能履行更加规范，一方面，最大程度减少政府对微观事务的管理职能，从不该管、管不了、管不好的领域中退出来，让市场真正发挥配置资源的决定性作用；另一方面，政府发挥对经济活动的引导和规范作用，强化政府在战略规划制定、市场监管和公共服务方面的职能，弥补市场本身的不足和缺陷，为市场经济健康发展创造良好环境。

（3）《中共中央关于全面深化改革若干重大问题的决定》对优化政府组织机构提出了新要求。

作为政府来讲，应重点把握好三个方面。

一是优化政府机构设置。《中共中央关于全面深化改革若干重大问题的决定》提出要"统筹党政群机构改革"，就是强调继续推进机构改革，对职能相近、管理分散、分工过细的机构，对职责交叉重复、相互扯皮、长期难以协调解决的机构进行整合调整、综合设置，形成科学合理、精干高效的管理体系。

二是理顺部门职责关系。《中共中央关于全面深化改革若干重大问题的决定》明确提出要优化职能配置，理顺部门职责关系，完善运行机制，合理界定政府部门的职能分工，进一步明确和强化责任，完善政府职责体系。在合理划分各级政府事权的基础上，理顺上级部门、垂直管理机构与下级政府及其部门的职责关系。按照决策权、执行权、监督权既相互制约又相互协调的要求，优化政府部门权力结构，明确不同部门的权力性质、地位及其相互关系。

三是严格控制机构编制。《中共中央关于全面深化改革若干重大问题的决定》提出"严格控制机构编制，严格按规定职数配备领导干部，减少机构数量和领导职数，严格控制财政供养人员总量。推进机构编制管理科学化、规范化、法制化"。强化机构编制刚性约束，创新机构编制管理，严肃机构编制纪律，维护机构编制管理的严肃性和权威性。

总之，随着全面深化改革进程的不断推进，政府将更多的职能和权力让渡给市场和社会组织，政府、市场和社会边界得以重塑，逐步达到一个相对平衡的状态。特别是随着管制型政府向协调性政府转变，政府的单向管理向政府与社会协同治理转变，社会组织在国家治理中的地位日益重要。这也是社会发展的必然趋势。值得注意的是，在任何一个国家或地区，政府、市场与社会组织三者的权力（权利）和责任边界都是不完全一样的，体现了各自不同的发展轨迹及政情、国情。因此，对于当前政府职能转移，我们需要从实际出发，结合国情进行科学分析、有序探索，继而推进国家治理体系和治理能力现代化。

2. 当前政府、学会在科技管理与服务中的定位

不可否认，政府、市场和社会的发展具有不平衡性、非同步性，在不断地调整。从一定意义上说，推进改革的过程，也是三者关系调整和边界重塑的过程。从新中国成立到改革开放前，长期的计划经济体制，使得政府在整个经济社会发展中起绝对主导作用，市场和社会均处于比较严重的缺位状态；改革开放后，在政府强力推动下，市场快速发育，创造了经济持续高速增长的世界奇迹；近年来，随着改革进入深水区，社会矛盾进入高发期，国家和社会治理需要政府、市场和社会多元主体的参与，需要社会组织和人民群众发挥更大的作用。但需要强调的是，社会组织并非天然就是能够胜任的治理主体，它需要协调好政府、市场和社会三者之间的关系，加大对社会组织的培育力度，引导社会组织加强自我建设，推进国家治理体系和治理能力的现代化。

长期来看，全国学会有序承接政府转移职能的工作实际上是政府科技管理与服务重塑的过程，发挥各创新主体的主动性、能动性，激发全社会的创新活动，形成政府、市场、社会三位一体的良性合作互动机制。在此，政府应强化宏观管理和基础性制度建设，从主导创新向服务创新转变，在工作方式上逐步由具体管理向规划布局、监督评估转变，重点体现在优化政策环境和公共支出的绩效评估，以及个别影响国计民生的科技公共服务的供给。学会则应发挥企业、高校、科研院所等创新主体的协调作用，通过长期形成的公信力和市场赋予的准行政权，承担起行业自律的功能，提供绝大部分科技公共服务。

具体来说，需要在政府职责、科学共同体自治、社会公共服务三个层面梳理当前政府科技管理与服务职能，分步、分阶段有序推进政府职能的归位，做到"该放的要放开放到位"、"该管的要管住管好"。①政府职责层面：主要包括政策制定、保障财政科技投入等，应强化政府宏观管理和绩效管理的责任，摆脱微观管理，通过购买服务、委托等方式吸纳专业学会参与到政策制定和具体的专业管理中。②科学共同体自治层面：主要包括科技奖励、科技评价、人

才评价等，应逐步将这些政府职能转移至专业学会，努力使其成为自我管理、自我服务、自我教育、自我监督的现代科技社团。③社会公共服务层面：除个别需要政府负责监管以外，绝大部分相关的政府职能应逐步直接取消，下放交由市场，政府不再过问，而是通过社会竞争的方式优胜劣汰，形成自然赋予的市场权力，从而有效提高公共服务供给的质量和效率。

第二节　国际上学会角色的历史变迁及其面临的挑战

学会的古老原型是建立在公元前 387 年的柏拉图学院。文艺复兴时期的意大利，出现了历史上最早的学会。早期学会的建立将个人的科学兴趣转换为一种共同的、系统的科学观念，为推动科学发展和科学的组织化奠定了基础。

一、作为科学活动主体的学会

在文艺复兴早期，意大利博物学家马西尔·菲辛（Marsile Ficin）于 1459 年创建了著名的佛罗伦萨柏拉图学院，这是由博学者组成的文化和友谊的圈子，致力于研究历史和哲学问题，但很少涉及科学方面的问题。他们定期聚会，依照柏拉图学派的对话、大学授课，以及评注经典著作的方式进行讨论。

1603 年，意大利贵族青年弗雷德里科·塞西（Cesi Fredric）在罗马创建的猞猁学院（Accademiadei Lincei），被誉为世界上第一所科学学会。其成员有伽利略（G. Galileo）、德拉波特（Della Porta）、斯特鲁蒂（Stelluti），以及其他一些欧洲著名博物学家，他们在不定期的会议上讨论科学问题或评介其他科学著作。与同时期的其他学会相比，猞猁学院的基本特征是在研究过程中以观察和实验为基本手段，以探索自然世界的一切奥秘为主要目标，注意将数学演绎和实验对照有机结合起来。学会正是凭借这样的手段、方法和目标，使其在自然认识的过程中迈出了关键而富有实效的步伐，同时也奠定了它作为第一所公开以自然为研究对象的科学学会的地位。

1657 年，在意大利佛罗伦萨美第奇二世（Ferdinand Ⅱ de Médicis）和他的兄弟利奥波德（Léopold）亲王的倡导和资助下，创建了西芒托学院（the Academia del Cimento）。奥恩斯坦在《科学学会在 17 世纪中的作用》（*The Role of Scientific Societies in the Seventeenth Century*）[①]一书中对该学会做了如下的描述：

> 在这里，九个科学家，被提供相应的科研手段，进行了 10 多年的联合努力苦心经营制造仪器，获得实验技能和决定基本原理：所以，他们的努力是完全是结合在一起，在这个世界上他们的工作就像一个人的……他们的工作和方法[是]等其他学术团体的典范和和灵感来源。

意大利在 17 世纪拥有 170 多个学会，被认为是学会的发源地。之后，学会在欧洲大陆乃至世界不断生根、发展、壮大，极大地促进了科学知识的生产、交流。尽管如此，提及学会，一般首先想起的英国皇家学会。它是世界上历史最长而又从未中断过的科学学会，目前在英国发挥着国家科学院的作用。

在 17 世纪的英国，科学是一种时尚，为上层社会的贵族们和富有的平民们所追捧。随着一批以自然问题和实验知识，以及与之相关的新哲学问题为主要议题的各种聚会在伦敦和牛津两地蓬勃展开，其中比较活跃的知名成员有约翰·威尔金斯、乔纳森·戈达德、罗伯特·胡克、克里斯多佛·雷恩、威廉·配第、罗伯特·波义耳等，这也为英国皇家学会的成立做好了准备。1660 年，英国皇家学会宣布成立，并确认了第一批会员；1662 年，英王查理二世向皇家学会颁发特许状；1663 年，皇家学会公布会章。英国皇家学会是一个由英国国王特许建立的科学家聚会场所，靠会员会费和富有会员的捐款支持，活动内容由会员自主安排。被推举为英国皇家学会秘书的罗伯特·胡克起草了学会会章，《章程》作了明确规定[②]：

> 皇家学会的任务和宗旨是增进关于自然事物的知识，和一切有用

---

①　Ornstein M. The Role of Scientific Societies in the Seventeenth Century. Chicago：University of Chicago Press，1913.

②　斯蒂芬·F. 梅森. 自然科学史. 上海：上海人民出版社，1980.

的技艺、制造业、机械作业、引擎和用实验从事发明（神学、形而上学、道德、政治、文法、修辞学或者逻辑，则不去插手）；是试图恢复现在失传的这类可用的技艺和发明；是考察古代或近代任何重要作家在自然界方面、数学方面和机械方面所发明的，或者记录下来的，或者实行的一切体系、理论、原理、假说、纲要、历史和实验；俾能编成一个完整而踏实的哲学体系，来解决自然界的或者技艺所引起的一切现象，并将事物原因的理智解释记录下来。

英国皇家学会的成立标志着科学体制化进程的正式开启，因而在科学史上具有里程碑地位和意义。这种意义还体现在科学活动内部的社会管理的逐渐形成，特别是体现在《哲学汇刊》（*Philosophical Transactions of the Royal Society*）创办上所反映的有关发现的优先权制度，以及同行评议制度。

专栏 5.1　《哲学汇刊》创办过程

英国皇家学会成立后不久，首任会长莫雷就发现与各地学者的通信需要花费很多的时间和精力。他在 1661 年 8 月写信给荷兰的惠更斯就表达了要出版一种类似期刊的出版物的想法。但是，当时学会忙于起草特许状、制定管理条例等事务，所以筹备出版刊物的计划没能及时实施。1663 年 4 月，亨利·奥尔登伯格就任皇家学会的秘书，接管了莫雷的大部分信件往来的事务，并逐步形成一个比较正式的通信网。奥尔登伯格负责在学会的会议上宣读收到的信件，并加以整理归类和给予回复。鉴于这项活动的费时费力，在奥尔登伯格建议下，学会成立了一个有 20 人的通信委员会。

1665 年 1 月法国《学者周刊》的创办给英国皇家学会以直接的推动作用，促使他们将酝酿已久的设想付诸实践。1665 年 2 月，学会讨论了出版学会刊物的事宜。在内容方面不会涉及法律与神学事务，除了报道来自国外的哲学方面的资料外，还将出版重要的科学实验报告。1665 年 3 月 1 日，理事会决定，《哲学汇刊》由奥尔登伯格负责出版，如果他有足够的稿件，就在每月的第一个星期一出版，稿件由学会理事会根据特许状的许可范围审定，再由理事会指定会员复审。

第一期《哲学汇刊》于 1665 年 3 月 6 日出版，共由 16 页纸。从第一期的目录中，可以看出奥尔登伯格为刊物征集的稿件范围非常广泛，涉及物理、天文、地理、航海和医学等各个方面的内容，突出的是实验和观察报告占据主体，另外还有 3 篇涉及对于科学仪器和技术发明的报道。

资料来源：百度百科（哲学汇刊）。http://baike.baidu.com/item/%E5%93%B2%E5%AD%A6%E6%B1%87%E5%88%8A[2016-12-06].

在《哲学汇刊》的创刊号上，奥尔登伯格撰文指出："促进哲学研究之提高所必需者，莫过于将他人已发现或已付之实践的东西公诸在同一领域内进行研究或努力的这些人；因此宜用出版这一最合适的途径，以满足从事同类课题、乐于促进学术研究、推广有用的新发明，因而有权了解本王国及世界其他各地情况的人，使之时时了解科学的进展、了解博学好问的那些人的劳动和尝试，及其全部发现和实践。为此，这些成果应得到明确和如实的介绍，激励人们进一步追求扎实有用的知识，使得天才的努力和事业受到珍视，并引导和鼓励探索、试验、发现新事物，相互交流，对增长自然知识的宏伟规划作出贡献，完善哲学和自然科学。"①

奥登伯格认为期刊是"科学的记录"，"科学的记录"存在四项标准，后来发展成为学术期刊的四项基本功能，即：①注册登记功能，即表明特定作者的研究成果具有优先权（首发权）和所有权；②评估鉴定，即通过同行评议、退稿来保证文章质量；③传播，即通过期刊的途径向其他学界同仁传递作者的观点；④存档，即永久记录作者的研究成果。

在此之后，许多重要的研究成果，都是通过学会资助出版的。学会既为专业人士交流科学信息和成就提供了场所，也为其创造才能的社会应用打开了方便之门。应该说，学会是近代科学兴起的摇篮，它们促使"科学家"这一社会角色出现，并且推动形成了科学的行为规范与社会秩序。

二、作为科学活动行业管理的学会

17 世纪以后，科学组织逐渐进行分化，专业学会、大学和公共科研机

---

① Oldenburg H. Epistle dedicatory. Philosophical Transactions of the Royal Society，1665，1（1）：I-II.

构、工业实验室和政府实验室等科学组织相继产生，使科学活动的组织资源更加丰富起来。在 19 世纪，科学在德国首先出现了新的结构性特征，主要表现为：①以学科为基础的专业学会；②学会举办的基于同行评议的专业期刊；③教学和科研相结合的高等教育；④科学家职业的社会化。科学的这种系统性结构迅速在欧洲乃至世界流传、沿用至今。与此同时，学会也在经历一个自我演进的过程，呈现出多元化的特点，其社会功能也进行了重新的定位。其中，以学科领域划分的专业学会在数量上成为学会的主要组成部分。

贝尔纳在《科学的社会功能》一书中，以英国为例，对学会的规模、角色及作用进行了分析①。到 20 世纪中期，英国的科学学会已经发展到了每一个学科就有一个专业学会的规模。根据《大不列颠和爱尔兰的科学和学术学会正式年鉴》当时的记载，英国已有 60 个全国性的科学学会和 15 个医学学会，以及大批地方性的科学学会，除了专业性的科学学会之外，还有两个促进科学发展的全面机构，即皇家学会和英国科学促进协会。关于学会的角色及作用，贝尔纳指出：

> 虽然大部分基本科研工作实际上是在大学里进行的，可是基本科研工作的协调却完全要依靠自愿结合的学会，即由科学家自己管理并主要由他们出钱维持的学会。几乎每一学科都有一个专门学会，除了极穷的研究人员外，几乎所有的科研工作者都是会员。这些学会的最重要的职能是发表论文，不过它们还举行非正式的讨论会，而且在这一范围内，以纯咨询的方式来影响该学科的总的发展方向。每一个工作者都略知国内各实验室在他自己的领域中正在做什么，因而他能够使自己的研究方向同他所了解的情况相适应，虽然他们所知道的情况往往是极其粗略的。

由此不难看出，学会作为科学家的组织，其主要功能从诞生之初的科研工作本身逐渐转变为科研工作的协调，并继续在科学发展中发挥着支柱的作用。

科学是当代社会中的一种行业，如同企业组织生产物质产品一样，科学也以一种组织方式生产其特有的知识产品。具有相同范式的科学家使用被认可的

---

① J D 贝尔纳. 科学的社会功能. 陈体芳，译. 北京：商务印书馆，1982.

研究程序和手段，研究为同行所重视的问题，在同行生产知识的基础上生产知识，而且必须说服同行使用其成果。出于同行之间相互依赖的需求，所有专业同行聚集在一起组成了专业学会，交纳会费，实现自我管理。通过集体行动，专业学会很好地评价、选择、传播新知识，而作为雇主的政府、企业、大学、科研机构，并不能很好地做到这一点。这种状况使得科学具有行会式管理的特征[①]。学会并没有自己的科研设施，但是通过他们在相关机构工作的会员来施加影响，进行声誉控制，提供职业认同。

学会通过出版学术期刊来报告最新的研究成果，并提供相关综述和集成等深度分析；通过组织学术会议，成为科学家交流最新学术思想和计划的平台；通过咨询等形式在科学教育、科技政策、优先领域选择等方面代表科学共同体发挥相应的政策影响力。学会的社会角色可以归纳为以下几个共同的方面。

（1）学术信息和思想交流的场所。科学知识所具有的积累性使得交流成为科学研究不可或缺的环节，也可以说，交流是科学研究的生命线。科学家在学术交流方面的需求，是形成学会这样一种组织形式的原动力。随着科学的社会互动模式的形成和推演，"无形学院"和各种科学学会及其科学期刊的出现，为科学家交流学术信息和科学思想提供了重要的场所，也极大地推进了科学的社会化进程。学术信息和思想交流不仅为学会这样一种组织形态提供了存在的必要性，而且学会也为科学交流提供了制度上的保障。

（2）建立和加强专业联系的渠道。科学知识的体系化是建立在科学的专业化基础之上的。现代科学的专业细分是科学共同体不断追求科学完整性的结果。在这个过程中，自然科学成为专业学科的研究对象，19世纪，专业研究机构开始设立，大学按专业设置提供系统性的授课内容，由此分化出了不同专业领域和多层次的科学同行，从而使科学共同体呈出了多层结构的局面。伴随着科学的专业化，专业性科学学会和科学期刊应运而生。专业学会的出现把不同组织中的科学同行联系起来，从而使他们在共同"范式"或技术规范下开展深入的交流和学术讨论或争论，并且建立起同行间的合作联系。现在，随着科学研究向产业界的扩展，企业科研组织的设立，使得学会促进不同组织中的科学家建立专业联系的角色更加凸显。所以，学会在促进科学家专业联系方面的

---

① 理查德·惠特利. 科学的智力组织和社会组织. 第2版. 赵万里，陈玉林，薛晓斌，译. 北京：北京大学出版社，2011.

作用具有更加重要的意义。

（3）对科学贡献的评价者。科学的运行机制一般表现为科学的奖励系统与规范系统的交互作用与互动。其中，奖励系统不仅包括各种科学奖项，而且更大量地包括了通过论文的发表和成果的引证对科研人员所做贡献的承认。科学奖励的核心是承认科学的优先权，其功能在于促进产生卓越的和高标准的成果。而这一目标的实现基础就是同行评议。同行评议是科学共同体内部评价科研成果和人员的科学贡献，并根据科研成果的科学价值给予科研人员相应荣誉上的奖励或承认的制度，而学会所具有的专业性特点，成为同行评议的一个重要场所，发挥着积极和重要的作用。

（4）科研道德规范的维护者。科学的规范系统包括科学研究的技术规范和行为或道德规范。科学的道德规范是一套支配科学活动的文化价值和惯例，其功能在于保证和维护科学的纯洁性或同一性。从历史上看，学会在促进形成科研道德规范和维持科学秩序方面，发挥着积极的作用。长期以来，学会通过科学家之间的协议来影响其成员的行为。近20年来，学会越来越多地通过制定和实施本专业领域的行为规范和认证标准，通过宣传和教育使其成员了解有关规定，来加强对其成员行为的外部控制。不仅如此，学会在科研道德规范建设方面的更为关键的作用就在于，通过在其范围内共同科学文化的形成，提供提高职业道德和伦理的同行压力，进而使科学的道德规范和职业伦理精神成为各成员参与科学活动的内在要求。

（5）科学普及与科学传播的组织者。在科学的体制化进程中，科学技术已不仅属于少数科学家和科技工作者，而越来越需要全社会的关注和参与，因此以弘扬科学精神、普及科学知识、传播科学思想、倡导科学方法等为主要内容的科学普及和科学传播成为全社会的共识。科学普及和科学传播不仅是科学家的责任，而且已经成为国家的发展目标和社会的系统工程。随着科学普及和科学传播的不断发展，在方式、内容等方面也提出了新的要求，一方面强调专业化的训练和职业化的运作，另一方面强调促进公众对现代科技事业的全面理解，在这种新形势下，学会在科学普及和科学传播方面能够发挥个人科学家所不具备的优势，在人力、经费、设施等方面都有较为充分的资源保障和更大的选择空间。因此学会作为科学家组织，在科学普及和科学传播方面责无旁贷。

（6）政府科技决策的咨询者。科学技术对于经济社会发展的作用和意义与日俱增，导致国家间的竞争日益成为了"抢占"科技制高点的竞争。不断增强的竞争压力迫使各国政府加大对本国科学技术的投资，从而使科学技术在全社会投资中占有了很高的比例。由于对科学技术所做出的选择与决策，对国家或社会的未来命运具有重要的影响。所以，选择支持哪些科学技术，选择怎样的支持方式就成为政府科技决策的一个重要内容。基于这样一种情境，学会也日益将为政府科技决策提供咨询纳入其职责范围。学会在为政府提供决策咨询方面扮演着特殊的角色，其角色的特殊性来源于学会的民间或半民间社会团体的身份，同时来源于它科技团体的性质，以及所具有的专业性特点。正由于此，学会在为政府科技决策提供咨询方面的角色和作用具有不可替代性。

三、当前学会发展面临的挑战

从 20 世纪 80 年代以来，各国开始更多的关注公共科学投资的社会回报，科学知识逐渐被定位为创新和经济利益增值的关键资源，这也强化了任务取向研究的意义，产生了多种多样的选择和评价科研项目的标准，科学系统开始发生了巨大的变化，进入了后学院科学时代，学会的发展面临巨大的挑战。

一方面是学术交流渠道变迁所引发的影响。在近代科学产生之初，印刷术开始在学术交流中发挥重要作用，学术期刊的出现给学者们提供了一个进行高效、公开交流的平台，学术会议和学术期刊也是在那时出现并成为至今为止最为重要的、正式的交流方式。在 20 世纪 90 年代，伴随着信息技术的发展，互联网及数字技术逐渐进入人们的日常生活，也开始成为学术交流的新媒介，带来的是类似于四个世纪前印刷术的革命性作用。电子邮件、在线学术会议、电子论坛、电子期刊、博客、维基百科等新的学术交流方式相继呈现，也出现了大量不同的类型学术出版物，比如开源期刊。学者们可以通过互联网进行便捷的讨论和分享，越来越多的学者开始在互联网上搜寻信息、查找文献，并开通自己的虚拟空间用于发布作品及开展交流。面临着众多的选择，传统学术交流方式的重要性在下降，吸引力在减弱。

另一方面是科学知识的生产方式正在发生变化，问题导向的跨学科研究越来越成为科学创新的主要源泉。当前，科学知识生产的目的不仅要生产知识，更要解决具有经济和社会目标的科学问题。在应用语境下的复杂问题与特定的应用情境联系在一起，涉及的往往不是单一的学科范畴，而是需要多学科范围内的知识相互作用才能有效加以解决。这也使得科学研究关注的焦点从学科转移到问题域，重视在跨学科背景下各种能力和知识的结合，对相关学科的整合不是由学科结构而是由应用语境下科学问题的确定决定的，根据需要调动既有的知识资源。因此，跨越学科边界成为当前科学研究的常态，这对大部分负载在学科之上的学会提出了严峻的挑战。

这些因素改变了当前科学家职业共同体的图景。首先，以学科为基础的职业认同开始弱化，科学共同体的评价受到社会、国家评价的挑战；其次，学会建立的声誉系统受到越来越多的竞争，比如，类似于美国国家科学基金会（National Sanitation Foundation，NSF）这样的资助机构建立的同行评议系统也具有很高的权威地位；最后，学术交流的形式、渠道越来越多，参加学会组织的学术会议可能成为一种传统的习惯。因此，自我管理的学会与科学的发展得不到很好的契合，学会功能的衰落不可避免。

就学会自身而言，大多数科学家不需要具备会员资格，就能通过所在机构的图书馆方便地阅读学会的期刊文章。类似于获取学会期刊一样，大多数具有共同职业兴趣的人也可以通过电子邮件很好地沟通交流。如果查看学术期刊的内容和会员目录并不再是个人加入学会的动机时，成为学会会员对于科学家而言就不再有多大的必要。一旦缺少会员的支持，学会要么很有可能成为一个盈利组织，要么可能走向衰落。那么，学会已经过时了吗？[①]

在这种形势下，国际上一些学会针对于当前面临的"会员危机"，开展了积极的思考，其中美国生物科学研究协会相关的探索值得关注。

美国生物科学研究协会致力于提升生物科学的研究和教育水平，由5000多个生物学家会员和200个专业学会（这些专业学会的个人会员总数超过了25万人）所组成。进入21世纪以来，协会意识到为更好迎接挑战，需要重新思考"AIBS如何更好地服务于个人会员和组织会员""AIBS能否充分利用现有技术手段来实现协会的使命""AIBS章程中明确的宗旨是否符合协会发展的需求""AIBS当前的项目是否需要调整"等相关问题。为此，协会于2009年正式启动了一个长期计划，通过收集和分析相关数据来全面评估组织的当前

---

① Schwartz M W，Jr. M L H，Boersma P D. Scientific societies in the 21st century: A Membership Crisis. Conservation Biology，2008，22（5）：1087-1089.

状况，以便更好地理解取得的成效，并改进下一步的工作①。

美国生物科学研究协会于 2010 年启动了针对组织会员和个人会员两次调查②。调查显示，当前生物科学学会面临的最大挑战分别是资金、会员和杂志出版问题，这三个问题是密不可分的，因为，几十年来为会员提供高品质的学术杂志一直是众多学术团体的商业模式。对于学术团体而言，新的价值增长点和针对与环境变化的响应需要与学术团体服务于会员的内容相关，并且需要确保其可持续性。为此，协会负责人 Joseph Travis 提出，希望能通过金融、组织等多种手段来引导协会更好地服务于生命科学领域③。

专栏 5.2　当前学术团体面临的最大挑战是什么？

在 2010 年 AIBS 针对于学术团体的"组织正在面临的最大挑战是什么？"开放式调查中，共有 102 个学术团体负责人进行了回答，总共获得 141 个回复。AIBS 对相关回复进行了分类，三个主要的挑战是资金，会员和杂志出版。

（1）资金。39%的受访者明确表示了对资金问题的忧虑，包括对研究资助，筹资潜力降低，会员服务需要的资金、会议旅行的缺乏，学术期刊订阅费的降低等等。

（2）会员。47%受访者表示会员问题是他们的组织面临的最大挑战，主要包括会员减少，现有会员的不流失，如何增加新会员，缺乏多元化的会员，吸引年轻科学家的加入，如何服务多元化的会员，如何让会员更好地参与组织管理等等。

（3）期刊出版。18%的受访者表示期刊出版问题是组织面临的最紧迫问题。组织正在应对从打印到数字或者开放获取转变的出版模式变化所带来的影响，减少或弥补期刊订阅费所带来的组织压力。

资金，会员和杂志出版问题相互关联，是学会面临挑战的核心问题，

---

① Travis J. Change is constant. BioScience，2010，60（11）：867.

② Musante S，Potter S. What is important to biological societies at the start of the twenty-first century？BioScience，2012，62（4）：329-335.

③ Potter S，Musante S，Hochberg A. Dynamism is the new stasis: Modern challenges for the biological sciences. BioScience，2013，63（9）：705-714.

不能孤立看待。此外，调查中还反映了一些问题，涉及公众理解，科学的变化和如何达成共识。

（4）公众理解。8%的受访者认为他们组织最关心的是他们的研究及其社会价值不被公众所理解。

（5）科学的变化。近年来，生物研究已经转向更为专业化和多学科交叉。9%的受访者认为，科学的变化带来职业身份的归属问题，一些组织正在失去多学科交叉的会员。

（6）共识。7%的受访者希望在他们的会员或者与他们相似的组织间获得共识，来促进学科发展，但共识却很难建立。

资料来源：Musante S，Potter S. What is important to biological societies at the start of the twenty-first century？ BioScience，2012，62（4）：329-335.

四、美国化学会：面临挑战的典型案例

美国化学会①（American Chemical Society，ACS）是美国的一个非营利性化学领域的专业组织，于1876年4月6日由35名化学家在纽约药剂学院成立。1877年，ACS在纽约州注册成为法人组织，并于1879年成立了独立的杂志，这就是著名的《美国化学会志》。1891年，分散在全美10个不同地区的化学组织作为"地方组织"并入了ACS，会员数量迅速增长到5081人。1907年，ACS正式出版了举世闻名的《化学文摘》，并开始设置专业分区，到1910年，ACS共开设了6个专业分区，涉及化工、农业、肥料、有机、无机和医学专业。20世纪20年代，第一次世界大战期间，1915年政府在ACS抽调了一些会员成立了"化学战研究中心"，1916年ACS发起美国化学家普查活动，极大地扩大影响，会员达到15 582人；地方组织增加到60个。1933年，ACS首次提出了对会员专业背景的要求，要求申请入会的人员在化学专业上

① 资料来源：美国化学会网站 http://www.acs.org；百度百科：美国化学会 http://baike.baidu.com/link？url=
　MX3FKIYha6udH9a2H4wFRY64mP7GXR8Q0ATKBP2R5miexINlbMuYooRnwBGNHVGsKKS4fYs0Wwhd9
　obGG99Ila；维基百科：American Chemical Society.https：//en.wikipedia.org/wiki/American_Chemical_Society.
　我的学生胡亚南以《中美化学会的比较研究》为题开展了硕士论文研究，美国化学会的详细情况可参见
　该硕士论文。

受过大学以上教育。1937 年，ACS 的召开的全国会议上通过决议，在联邦重新注册，并在次年获得了联邦颁发的执照，成为了一个真正的全国性组织。

目前，学会有 161 000 会员，其中国际会员超过 2400 人，代表 100 多个国家。学会现有 2020 名雇员，包括 1897 专职工作人员和 123 名兼职工作人员，其中 560 人在华盛顿总部，1460 人在俄亥俄州的哥伦布总部。学会设有 33 个专业部门，包含全国 185 个地方组织，出版近 50 个同行评议期刊，是世界上最大的科学团体，也是最大的权威科学信息资源之一。

美国化学会稳步经营，2014 年产生 1810 万美元的净收益，实现连续 11 年的净收益，主要是源于信息服务部门的财务成果，以及所有经营单位的费用管理，见表 5.1、表 5.2。

表 5.1　2014 年 ACS 收入情况

项目	收入金额/万美元	百分比/%
电子服务	43 608.4	82.10
会员保险费、退款和费用	1 380.5	2.60
会费	1 210.2	2.28
注册费和展位销售	1 074.4	2.02
投资收益	953.5	1.80
广告	807.3	1.52
印刷服务	474	0.89
净资产	2 911.3	5.49
其他	652	1.23
总收入	53 071.6	100.00

表 5.2　2014 年 ACS 支出情况

项目	支出金额/万美元	百分比/%
信息服务	37 613.6	73.38
会员和科学进步	2 583.2	5.04
会员保险计划	1 551.7	3.03
教育	882.9	1.72
捐赠和奖励	2 499.6	4.88
其他	478.7	0.93
行政	4 490.6	8.76
会员推广和保留	381.3	0.74
其他	775.4	1.51
总费用	51 257	100.00

美国化学会在《战略计划：2015 年及其以后》(*Strategic Plan for 2015 and Beyond*) 中指出，美国化学会的愿景是"运用化学的力量来提升人们的生活质量"，使命是"促进化学组织及其实践者更好地有益于地球和人类"。为此，学会的目标主要包括四个方面：①提供信息，作为最权威、最综合和最不可缺少的化学相关信息的提供者；②服务会员，通过赋予会员网络、机会、资源和能力，促进他们更好地参与到全球经济发展中；③提升教育，培养全球最有创新精神、最相关的和有效的化学教育；④传播化学价值，在面临全球挑战时面向公众和决策者传播化学的重要作用①。在这个框架下，学会的主要活动包括以下四个方面。

1. 提供信息方面

（1）加强期刊建设。2014 年，ACS 有 47 个同行评议期刊出版，以高质量、高反应和影响力、高引用率而著称。全年出版量 41 062 篇，相比 2013 年提升 5%，出版时间 11.8 周，比 2013 年 14.7 周缩短 20%。ACS 积极创办新刊，2014 年推出新的期刊产品 *Environmental Science & Technology Letters* 和 *ACS Photonics*，积极为在 2015 出版的材料科学与生物/生物医学领域期刊 *ACS Biomaterials Science & Engineering* 和 *ACS Infectious Diseases* 进行营销和编辑准备。通过部署学会管理支持计划，拓展全球编辑业务，提升运作效率，遏制了运作成本的扩大，将现有的副编辑转变为当地的、大学聘用的编辑助理来支持开发、沟通和执行，在世界各地聘用 200 名编辑，在下一个 3 年将带来显著的同行评审成本和时间效益。

（2）"开放存取"建设。ACS 出版分部与华盛顿信息技术部门合作开展了"ACS is Open"活动，成功地把学会作为变成一个开放性的供应商。2014 年 1 月 ACS 出版部门制定了将 ACS 定位为开放存取供应商的出版战略，从 1 月 1 日开始，每天 ACS 的期刊编辑选择一篇进行推荐，社会可公开获得。2014 年推荐文章吸引了至少 600 000 次的浏览量。出版部推出了 ACS 作者奖，2014 年作者奖颁发给超过 40 000 次下载量文章的作者。第一个开放获得期刊 *ACS Central Science* 在 2015 年推出。

---

① American Chemical Society. Strategic Plan for 2015 and Beyond. http://strategy.acs.org.

（3）促进 C&EN 发展。*C&EN* 化学与工程新闻是 ACS 推出的周刊，致力于关注化学化工界的最新事件，报道与化学相关的科研、工业、教育等各方面的最新动态，内容权威，在化学生物及相关领域具有不可撼动的学术地位。2014 年，*C&EN* 聘请了有丰富的出版和数字广告经验的 Campos-Seijo 博士作为总编辑，使得 *C&EN* 在编辑和广告业务都有重大改变。*C&EN* 媒体小组开发了新的收入资源，推出了包括定制发布事件、网络研讨会、广告支撑三大主题为补充的出版策略，扩大广告商的参与。*C&EN* 设计团队尝试用交互式图形在线展示内容，制定新的封面和文章的布局和设计，对化学回顾年和 8 月举办的晶体问题年两个活动还进行了专门的设计。应读者要求，*C&EN* 在 2014 年用有趣、互动等方式提供了更多的科学内容，如"说化学"——公共事务办公室、ACS 产品部和 *C&EN* 推出了一个视频系列；"专利的选择"——*C&EN* 与 CAS 合作的月度报告；"幕后故事"——收集 ACS 出版期刊的故事；"图片中的化学"——在实验中的化学图片等。

（4）加强化学文摘服务。"化学文摘"是化学和生命科学研究领域中不可或缺的参考和研究工具，也是资料量最大、最具权威的出版物。"化学文摘"数据库结合先进的搜索和分析技术（SciFinder$^{®}$ and STN$^{®}$），为科学发现提供最新的、完整的、安全的和相互关联的数字信息环境。SciFinder$^{®}$ 是基于用户输入和工作流程提供一站式搜索，可以在任何时间、任何地方寻找物质、反应、专利和期刊参考。世界主要专利局和研究机构的知识产权专业人才和专利审查员依靠 STN$^{®}$ 能够有效解决相关关键业务问题和决策。2014 年进一步改进了搜索功能，功能更为强大，记录内容持续增长。

（5）创新会议组织。组织学术会议是学会的传统，也是学会的核心工作。ACS 每年举行两次春、秋两次年会，将学术会议和展览结合起来，吸引化学工程师、化学家、大学生和研究生及相关的专业人士参与，相关参与人数见表 5.3。通过参加年会，对于发现新的研究和出版现有研究工作、提升职业发展、建立同行网络、学习新的技术都有很好的促进作用。除了年会以外，ACS 还组织了大量技术、创新等相关学术会议或者网络会议，如围绕药物研发的各个方面，ACS 在 2014 年召开了 8 次药物设计和转换研讨会。

表 5.3　2014 年美国化学会年会参与情况　　　　　（单位：人）

年会名称（时间）	年会地点	参会者	学生	（仅）参观展览者	展览商	总数
第 247 届年会（2014 年春季）	达拉斯	7 083	5 172	433	810	13 498
第 248 届年会（2014 年秋季）	旧金山	10 372	3 724	550	1 128	15 774

2. 服务会员方面

（1）会员分类及会费政策。美国化学会设立明确的会员等级，会员分为普通会员、研究生会员、本科生会员、非科学家会员和团体会员。按照不同的会费等级年度收取会费：普通会员、非科学家会员、团体会员会费 158 美元；研究生及研究生毕业第一年会员会费 79 美元；本科生会员 50 美元。此外学会提供特殊类型的会费，如失业者免会费；付费超过 10 年的会员如果成为残疾人，在第一年免会费；对于为了家庭责任放弃全职工作的会员有 50%会费折扣；缴纳会费超过 30 年，全职工作退休可享有 50%会费折扣，等等。

（2）会员出版物利益。ACS 会员在出版物方面的广泛利益，会员在年度资格内可以免费访问任意 25 篇期刊、电子书或者 *C&EN* 档案；*C&EN* 周刊为会员免费提供科技、工商、政府和教育的最新发展信息，会员有完全的在线访问权利及可追溯到 1923 年的档案；对指定的文章很大的折扣；会员可以免费获得 SciFinder® 提供的有关化学和相关学科世界上最完整的信息资源；对 ACS 主办的会议有很大的折扣，等等。

（3）会员保险计划。学会开展针对需要会员的保险计划，包括人寿保险（团体终身人寿保险计划、团体 10 年期计划、团体 20 年期计划、国际终身人寿保险、关键人员保险、意外死亡及残疾）以及健康保险（团体残疾收入险、团体住院补偿、长期护理、医疗保健交流、医疗保险补充、医疗折扣）。

（4）会员的个人利益。ACS 为会员提供广泛的个人利益，保险和医疗折扣，帮助建立保险组合，提供医疗优惠范围广泛的相关产品和服务。此外，在信用卡项目、办公和技术产品、联邦快递、对于个人的旅行计划等领域，ACS 与多样性的伙伴合作，会员对不同产品享有一定的折扣率。

（5）高度重视会员职业发展。ACS 高度重视会员职业发展，2014 年推出了"ACS Career Navigator"（职业领航）提供职业服务、专业教育、领导力发展、和市场情报满足会员在不同职业生涯阶段的专业需求。对于化学专业人员职业发展，提供自我评估、求职工具、网络咨询等帮助，为求职者提供面试的资源，包括为会员针对潜在的雇主进行简历的写作及面试技巧的指导，帮助评估和决定是否接受一个工作岗位，引导作为终身事业职业生涯管理的思考。2014 年，超过 1 万人在 ACS 职业领航提供的个人职业发展服务中获得实质帮助。对于创业者，ACS 创业中心提供三个方面的资源：一是信息，可以得到 ACS 出版物和化学文摘 6 个月的免费访问，帮助企业家分析市场；二是建议，获得技术专长，定制的业务咨询，专业的法律服务和折扣；三是建立联系，与可能的商业伙伴、资助部门、私人资产资源及展览活动建立联系。ACS 的创业资源中心举办一些活动，开展展示活动，帮助企业家和创业者启动业务活动，让早期的公司向天使投资者和企业伙伴及观众推销、展示，举办年度 ACS 企业家峰会提供演讲和研讨会、ACS 创业峰会等。

为行业管理者服务，ACS 领导力发展体系提供实践学习、网络工作机会、创造和培养了领域杰出领袖。通过在线课程，年会、区域会议及地方会议的面对面的课程，提供必要的技能，增强全球经济中的竞争优势。课程主持人是通过领导力课程的志愿者会员，学会也提供提高个人能力、人际交往能力、关注结果、明确方向等主题的客户需求的付费、免费课程，对于付费课程会员享受优惠，2014 年超过 870 名参与者参与了 55 个领导力课程。

为科学家和技术人员提供各类课程，以适应当今激烈的竞争。2014 年 ACS 提供各类短期课程、在线课程 122 项。其中短期在线课程 17 项，科学家和技术人员可自由选择网络课程在线学习。每门课程可被分解成一个或多个模块，可以以非常低的成本单独购买一个模块。

3. 提高教育方面

（1）为教育者提供资源。ACS 通过提供幼儿园、小学、中学、大学、研究生相关的化学教学资源，推动建立一个强大的化学基础。为幼儿园到六年级学生提供活动用书，如《苹果，气泡和晶体》《阳光，摩天大楼和汽水》等；为中小学教育提供科学教学指导，包括课程计划、课堂活动和背景科学信息，视频演示和分子模型动画等，如社会中的化学（chemcom）教材、化学事件杂志、高中化学能量基础、里程碑式的课程计划（在高中化学和化学史课程规划设计中，设计了探究式的学生活动）、绿色化学教学资源、ACS 考试院（高质量化学评估和研究材料）、"狩猎元素"的电视节目和教育材料等，制定中学化学教学的 ACS 指南和建议，以及实验安全和专业成长的指导方针等；为大学教育提供教学材料，编制化学专业《化学》、非化学专业《化学基础》、以化学为基础的技术教学材料等，以及学术标准和指南；为研究生教育提供资源，包括制定 ACS 的职业道德准则、化学研究中的伦理教育、职业道德与化学安全个案研究等。

（2）为学生提供资源。为高中生提供资源：ACS 化学俱乐部为高中学生提供独特的机会，在课堂之外体验化学，现已有 535 个俱乐部；组织化学奥林匹克竞赛，测试世界上最有化学天赋的学生的知识和技能；举办 *ChemMatters* 杂志，通过精彩的文章、游戏和揭秘使化学不再神秘，帮助高中生发现化学与他们周围世界的联系；设立种子计划项目，在暑期为学生提供 8～10 周研究实验室的实践机会，在志愿者科学家的监督下从事实际的研究项目，2014 年在 37 个州的 140 个机构的 468 名志愿科学家协调指导 423 名学生。对本科生提供资源：*inChemistry* 杂志是 ACS 学生会员杂志，内容涉及化学专题、职业发展及其他化学本科生考虑的主题；提供本科生实习机会。为研究生和博士后学者提供资源：为选择一所继续深造的学校、助学金与奖学金、职业规划作指导；实施化学领域科学发现未来的领导者项目，从 400 名申请者选出 18 名学生，提供与 ACS 专家相互分享研究经验、参加秋季 ACS 年会的机会。

（3）重视中小学化学老师队伍建设。ACS 支持教师队伍，尤其是高中化学教师。2014 年陶氏化学公司提供 100 万美元成为美国化学会教师分会唯一创始合伙人，已有 1570 人加入，89%是中小学教师，资助使教师学会能够开发丰富的多媒体教学网络交流平台、召开 Dow-AACT 教师峰会，目标是作为一个值得信赖的基础化学授课的课程和教学资源，为化学老师提供了一个进行广泛合作、推广有效教学、发展基础教育实践的网络机会。ACS 设立科学教练计划，化学家们与小学、初中、高中的老师分享他们对科学的热情。2010 年推出 www.middleschoolchemistry.com 网站，深受中学科学教师欢迎，目前已有 230 个国家的 400 多万人访问了 25 559 次，下载量近 3 万次。

（4）设立基金项目。ACS 管理的研究基金主要包括 ACS 石油研究基金、TEVA 制药学者基金等。ACS 石油研究基金资助美国和其他国家高校关于石油或化石燃料的基础研究，2014 年资助了 192 项研究，经费总额约 1907 万美元。TEVA 制药学者基金每 3 年进行一次资助，每次 3 个名额，提供每人每年10 万美元，连续资助三年。此外还设立 ACS-Hach 高中化学课堂基金、公司联合种子基金、ACS-Hach 专业发展基金等来支持化学类基础教育。

4. 宣传化学的价值方面

（1）通过大众媒体宣传。ACS 公共事务办公室及时通过大众媒体将相关化学研究和新闻向公众发布，并成功的宣传了 ACS 2014 全国会议，媒体报道覆盖 25 亿人次。ACS Reactions 节目是最流行的 YouTube 观看频道之一，是一个每周播出的视频系列，揭示日常生活中的化学。2014 年，ACS 产品组制作 50 集，获得超过 8 亿条意见，积累了 YouTube 上的 7.5 万个用户。通过在The Today Show、NPR、Time、Washington Post、IFLScience 和其他几十个主流媒体宣传已经覆盖百万以上人群。ACS 设立传播专家并进行培训，传播专家通过华尔街日报、早安美国、美国有线电视新闻网、芝加哥论坛报、美联社、健康杂志、国家地理杂志、天气频道等各种渠道让大众、决策者和学生群体理解化学，2014 年 ACS 设立了 80 个传播专家职位。

（2）举办活动宣传。国家化学周是 ACS 举办的年度活动，鼓励化学家和化学爱好者团结本地区、学校、企业及个人，向社区宣传化学在日常生活中的价值，建立社区居民的化学意识。在 2014 年 10 月的国家化学周期间，共发放约 11 万份化学周宣传文件，主题"化学甜的一面——糖果"活动吸引了全国范围内成千上万的家庭和各个年龄段的儿童，分发 13 万多份庆祝化学宣传单。地球日活动也是 ACS 举办的重点活动之一，旨在促进国际社会关注环境因素，通过会员、化学教育家和化学爱好者，宣传化学在保护地球方面发挥的积极作用。"孩子和化学"是一个以社区为基础的计划，汇集了科学家志愿者和孩子们的动手科学活动。

（3）参与化学相关立法。ACS 与 Chris Coons 参议员合作提出 2014 可持续化学的研究与开发计划，创建了一个跨部门工作小组，协调绿色与可持续化学研究、资金资助、公共与私人合作，美国化学委员会和环保基金表示赞同。尽管没有完全获得国会支持，ACS 也推进了相关立法议程，取得一定进展。两项法案（FY2015 拨款—实现持续的研发投资；S. 1468，美国制造与创新法案复兴）在 113 届大会通过，一项（研发税收抵免延期）待定。

（4）完善奖励体系。ACS 设立 60 余项奖励认可成就，其中国家奖包括绿色化学、氟化学、有机化学、分析化学、高分子、色谱、胶体化学、理论化学等不同化学分支领域 30 余个奖励；ACS 创造发明奖、环境科学技术的创新发展奖、艾哈迈德超速科学技术奖、格伦 T. 西博格核化学奖等认可化学技术进步及应用方面 10 余项奖励；ACS 团队创新奖、ACS 化学工业奖、化学英雄（奖）等奖励基于化学的工业应用；ACS 化学教学和学习的研究成就奖、杰姆斯布莱恩特科南特高中化学教学奖、乔治 C. 皮门特尔化学教育奖等奖励化学教育杰出贡献；ACS 鼓励女性从事化学科学方面事业奖、ACS 在鼓励处于不利地位的学生在化学科学事业的奖等奖励妇女及其他弱势群体杰出成就奖励；普里斯特利奖、查尔斯索普帕森斯奖、美国化学学会志愿服务奖等化学服务奖励。杰出化学奖 2014 年共颁给 47 个地方组织或个人，主要认可在举办活动、服务会员、举办会议，支持教育等方面表现优异的地方组织、分部和个人。

五、后学院时代学会的职能

科学在变化，科学组织也需要行动起来来适应这种变化。在新的时代，学会不仅要服务于学科发展，而且要服务于社会需要。通过服务于社会需要，更好地建立学科与社会、国家之间的紧密联系，从而更好地给会员提供更满意的服务。科学学会的角色从促进学科发展转变为建立学科发展和社会需求的联系，而其中的会员成为两者之间最好的纽带。

从 ACS 的主要活动内容看，美国化学会的工作重点很明确，主要为信息供应商和会员的互惠性组织两个定位服务。信息供应商的信息源和消费者都来自化学相关行业，同时，会员也来自化学相关行业，因此，学会在很大程度上承担着化学领域发展的责任。从领域内部来看，维护科学的内在标准，激励卓越的科学研究，促进科学研究和产业的有效链接，同时通过提升教育能力，加大对未来的投资和投入，促进领域的可持续发展。从领域外部来看，学会通过履行科学的社会责任，赢得社会和政府的理解和支持，继而为化学领域的发展营造一个有利的空间，促进该领域的健康发展。

正是因为化学领域的健康发展，一方面学会能够运作更多的资源，使得学会的吸引力增强；另一方面，随着更多的会员乃至未来会员的加入，学会能够更有效地运行，推动领域内专业人员的职业发展，从而进一步提升组织的凝聚力。因此，在化学领域、学会的发展中形成了一个正向反馈，在这个过程中，化学领域、会员（个人）、组织都得到健康发展，而在社会治理层面也形成了一个良好的分工状态。

从具体的活动组织来看，ACS 较好地运用了市场化方式和互联网等具体技术手段，使得微观层面上各项工作达成精细化的要求，以满足不同用户、不同对象的多样化需要。

ACS 的成功实践表明，当代学会的职能大体可归结为三个方面，即举办专业化的学术期刊和学术会议以加强同行之间信息的交流、向社会整体表达本专业共同体共享的价值观、建立本专业的职业网络和职业认同[1]。

学会未来的变化反映的是科学的变革。很多国家的科学学会开始正视学会的会员危机。2013 年以来，中国科协抓住政府行政体制改革的机遇，把推进学会承接政府转移职能工作、实施创新驱动助力工程等列为服务党和国家大局的重中之重，将学会发展和国家需求、社会管理结合起来，试图寻找一种新的发展道路。当前大家的努力实际上是使科学和社会更好地融合起来，但是不免会丧失科学的独立性和自主性。可能未来科学学会的发展会一直为在"科学和社会中保持一个什么样的张力"中纠结。

第三节　中国学会未来发展的战略思考

一、社会组织的发展条件

学会的发展是建立在一定的制度、文化条件之上。只有更好地理解相关条件，才能基于国情得到更好的发展。但是当前，学术界对社会组织发展的许多

---

[1] Schwartz M W，Jr. M L H，Boersma P D. Scientific Societies in the 21st Century: a Membership Crisis. *Conservation Biology*，2008，22（5）：1087-1089.

假设建立在一些以西方国家经验为模板的理论预设，例如，默认社会组织可以在某些方面取代政府部门来供给社会服务，它们更贴近社会的诉求；它们可以在协调社会利益、参与社会治理中发挥重要作用。事实上，即便在西方国家的历史经验上，社会组织发挥上述功能也有一些独特甚至苛刻的社会与制度条件作为支撑。换句话说，如果离开这些独特的支持条件，社会组织的功能取向是值得深入追问的。

作为社会治理主体的条件，主要反映在三个层面。一是联结个体与公共生活、个人与他人之间的公共空间。它意味着个人主义与公共责任之间形成了某种和谐的交集。二是结社活动紧密嵌入制度化的社会治理网络中，也就是国家要给予社会组织充分的制度化参与空间。三是组织的自主性和能力，也就是组织能及时并有能力对社会需求准确做出反馈、调整和行动。

作为公共服务主体的制度性条件主要包括三个层面，首先是需要一个高度稳定，且可以帮助社会组织形成长远发展预期的制度环境。现代社会的公共服务呈现日趋专业化的特征。在社会组织主要活动的领域，如教育、社会服务、文化娱乐、卫生等，仅仅依靠工业化早期的善意和志愿精神，已经无法应对社会消费者的诉求。因此，对于社会组织的可持续发展而言，发展更为专业化的服务能力显得格外重要。一旦社会组织要发展专业化水平，尤其是持续在组织专业能力和人力资源上投资，它就迫切需要一个高度稳定、可以产生长期预期的制度环境，后者有助于大多数社会组织形成立足长远的发展战略，并克服短期的工具主义偏好。通常来说，稳定的制度环境包括明确、清晰的政策信号和设计合理的激励结构，在大多数社会组织发展迅速的国家，其政府都会在上述两方面形成科学的制度安排。

其次，社会组织充分发挥公共服务效能的第二个制度条件是，政府部门能超越传统的公共行政理念，形成新型的管理技术和机制。在世界各国，政府部门资助社会组织提供公共服务都是日趋普遍的做法。在这种基本的制度背景下，政府部门形成有效的引导社会组织供给服务，以及监督服务效能的机制就变得极为重要[①]。

最后，社会组织充分发挥公共服务效能的第三个制度条件是自由生长的环

---

① 黄晓春，张东苏. 十字路口的中国社会组织：政策选择与发展路径. 上海：上海人民出版社，2015.

境。只有如此，社会组织也能在社会治理的框架下，了解公众及社会的问题和需求，发挥自身优势，确立自身存在的价值而不是依附价值。

二、当前我国社会组织发展的策略行动及其问题

正如前文所述，政府成为此次学会大发展的直接推动者。在行政体制改革的直接推动下，为了更好理清学会政府、社会、市场的关系，学会等社会组织成为政府"简政放权"的一个必不可少的行为主体，被整体地纳入到国家治理体系之中，使得当前社会组织的策略行动在一个极为特殊的情境下展开。

首先，社会组织赖以生存的资源供给结构总体而言具有很强的单中心性——除政府外，来自市场与公众的资源极为有限。在此背景下，大多数社会组织的策略行动主要围绕着如何从不同政府部门中获取资源展开，因此，这些策略在运用本质上强化了社会组织与政府之间的联系。其次，政府部门供给社会组织资源的过程，在很大程度上又具有体制内封闭决策的特征，这意味着各政府部门可以在缺乏公众参与和公众决策的背景下，根据自身的治理目标来发展社会组织。社会组织由此而发展的各种策略与当代社会的基层自治、公共治理乃至公共性的生产没有建立起紧密的关联。最后，我国的社会组织在相当程度上是政府组织的延伸，与政府组织有着紧密的联系，管理的思维具有明显的行政色彩。

在这种情况下，社会组织在政府的塑造下，其社会功能在一定程度上成为政府在社会中的一种代言或延伸，而不是公共空间自主产生的公共服务。即使强化了程序透明、过程监管等方面内容，解决了"二政府""红顶中介"等问题，社会组织也失去了原本应有的公共性，而成为一个专业组织。例如，学会可能的一个结果就是专业评价机构，而不是科学共同体的自治组织，这样也不能满足创新驱动发展战略、社会组织体制创新和行政体制改革对学会的要求，不能使其发挥在国家治理体系和治理能力现代化中应有的作用。

三、学会未来发展的路径选择

学会作为科学家的自主性组织，其协调功能主要体现在职业共同体建设。

这就意味着学会在未来的发展中，需要关注以下三个层面的内容。

1. 学会发展是自我发展的过程

在现代社会，发育社会组织实质上是重新界定国家和社会的关系。在这个过程中，实际上包含三个层面的含义：一是政府从对社会的大包大揽转变为向社会组织赋予必要的权利；二是政府通过制度和公共财政，以及观念转变等措施培育公民的自我组织、自我协调、自我管理的能力，使公民从对国家的完全依赖中走出来，形成自主的公共参与能力；三是逐步放开政策，创造出社会组织必要的空间，不断完善制度和纠正偏差。总的说来，在宏观政策层次塑造社会组织发展的路线图，首要的任务是形成国家与社会良性相依（而非对抗）、共同发展（而非此强彼弱）的新型关系[①]，而对社会组织来说是保持一定独立性的自我发展。

2. 学会发展的核心在于会员

学会是服务于特定领域学术研究和交流的专业共同体组织，兼具互益、公益的特征。但无论是从学会的形成还是治理结构来说，互益性都是学会的核心。在 2007 年修订的《中国科协全国学会组织通则（试行）》中明确规定，学会成立的条件之一是"在相关领域有稳定而广泛且跨多个机构的专家学者群体，有 50 个以上的个人会员；个人会员、团体会员混合组成的，会员总数不得少于 50 个"[②]，"会员（代表）大会是全国学会最高权力机构"，等等。因此，如何更好地服务会员、吸引潜在的会员加入学会，是学会的头等大事。一方面，只有更多的会员加入学会，学会才有生存的价值；另一方面，学会的会费收入构成了学会稳定发展的基础，更好地服务会员。学会在服务会员的同时，也能有效培养科学家的志愿意识，促进科学共同体中公共空间的形成，对社会组织参与国家治理具有深远的意义。

值得注意的是，近年来的技术进步已经彻底改变了科学共同体的沟通、发

---

① 黄晓春，张东苏. 十字路口的中国社会组织：政策选择与发展路径. 上海：上海人民出版社，2015.

② 中国科协于 2017 年 2 月对《中国科协全国学会组织通则（试行）》进行了重新修订。在新修订的版本中删除了的学会成立需要 50 个会员的要求，但对于申请加入中国科协团体会员的学会来说，依然保留了 2007 年版本的相关会员要求，即"学术带头人应在相关领域有重要影响，个人会员达到 1000 人以上"。

现、创造、联系的方式。当前有大量的不同类型的学术出版物，比如开源期刊，互联网也在改变学术交流方式。同时，跨学科成为科学创新的主要源泉，因此也有必要跨越学科边界，适应出现大量新信息的需要，以及合作交流的新途径。这些因素改变了学会在学术研究中原有的核心位置，对科研人员的吸引力下降。特别是年青的科研人员已经不像现有人员那样支持学会，他们只是从互联网上获得信息，对于期刊或者团体的支持并不关心[①]。在这种形势下，国际上一些学会针对于当前面临的"会员危机"，开展了积极的应对，比如，美国化学会针对会员职业发展提出一系列措施来提高会员的凝聚力，在学会年会中加入展览环节，使得学术与产业的关系更为紧密，等等。

3. 学会发展的关键在于服务社会的专业化能力

学会的互益性可以看作是从内部来看组织发展的基础，而学会是置于社会系统，需要与社会进行资源、信息等方面的交换，因此公益性就可以理解为组织与社会交换的产物。只有更好地服务于社会，才能获取更多的资源，获得更好的发展机会，吸收更多的会员加入，使得组织获得可持续的发展能力。从国外科技社团的实践来看，这种专业化能力不尽相同，有的学会本身就是信息提供商，而有的学会参与产业发展，也有的学会主导或参与了专业教育认证、职业资格标准制定、继续教育、职业资格认证等行业内专业人员职业发展的全过程或部分环节。这些学会通过推动行业发展，来促进本专业的职业网络建立，以及社会对本行业的职业认同。这种核心竞争力的建立是学会做大做强的关键。

① Potter S，Musante S，Hochberg A. Dynamism is the new stasis：Modern challenges for the biological sciences. BioScience，2013，63（9）：705-714.

科学的作用已经毋庸置疑。正是通过科学发现和技术创新，人类才得以利用自然界的力量养活日益增多的人口，并提供所需的能源、增进人类健康、保障国家安全。与此同时，科学也发掘出人类的理性力量，不断升华人类的精神境界。科学是为世界"祛魅"的事业，是一个共同体的集体事业，而这个共同体就是科学共同体。

初识科学共同体是在研究生阶段。那时候参加了几次学会的年会，感觉学会是一个"江湖"，而年会则是"聚义堂"，理事会、常务理事会则是给各位好汉排座次。大牌教授每年都会在固定的时间、固定的地方出现，指点江山，一旦不能参会，无论是组织者还是参会者都会觉得缺少点什么；一般的研究人员兢兢业业，认真报告，努力提升点排位名次；研究生们则怀着好奇的心情，努力辨认平日阅读文献的作者，争取混个脸熟。

进入科研阶段后开始从事科学社会学研究，将科学共同体作为核心概念，明晰了科学分层、科学的权威结构等含义，在相关同仁的帮助和启迪下，也逐渐理解了科学这个"江湖"怎么形成，为什么是江湖，是什么样的江湖。特别是参与到中国科协学会改革相关的研究（支撑）工作后，在中国科协相关领导和很多学会的领导的帮助和支持下，对于"江湖"的可敬之地、无奈境遇及局限之处等也有着更深的认识和体会。

最近几年一直思考着科学共同体相关的问题，并且对中国科协近年来的学会改革情况也非常熟悉，因此常常有写写科学共同体的念头。但俗务缠身，一直没有动笔。在杜礼安同学的日常督促下，经过半年的努力，终于在 2017 年春节期间如期完成任务。由于科学共同体涉及的内容很多，起先准备近 20 万字，此时，杜礼安同学用他常读的《弟子规》来教育我，"话说多，不如少"，我又删减了近 1/4，力求精练，更好地突出主题。

　　希望本书能反映我对科学这个"江湖"理解的本意。人在的地方就有江湖，除了烟波浩渺的好水值得凝望，还需要深入省思往昔江湖之间的"快意恩仇"。或许"相濡以沫，不如相忘于江湖"。

杜　鹏

2017 年 2 月 6 日于中关村